York Breidt / Wilhelm Schwendemann / Anna Sophie Verständig

Bittere Ernte – Die Apfellieferkette in der globalen Landwirtschaft

Unterrichtseinheit ab Klasse 10 und berufliche Schulen

Bestandteil dieses Materialheftes sind Arbeitsblätter zum Download. Somit können Sie diese beliebig vervielfältigen und in vielen verschiedenen unterrichtlichen Settings verwenden.

Download unter: (bitte Groß- und Kleinschreibung beachten)
http://www.calwer.com/cwv/download/Verantwortung_und_Gerechtigkeit

Code: **bv4610SK24**

calwer materialien

Im Downloadbereich befindet sich eine Linkliste, in der Sie alle im Band genannten Links bequem anklicken können.

Wie wir alle wissen, ändern sich Links häufig, sodass hier sicherlich immer wieder mancher Link auf eine leere Seite führen wird. Daher haben wir immer auch die Quelle und Namen mit angegeben, sodass über die Suche Materialien gefunden werden können.

Wir werden die Linkliste jedoch auch regelmäßig prüfen und aktualisieren.

Im Downloadbereich sind die entsprechenden Materialien/Arbeitsblätter als Word-Datei verfügbar, sodass Sie selbst QR-Codes austauschen können, falls dies notwendig sein sollte.

Vielen Dank für Ihr Verständnis!

Hinweis: Leider war es nicht möglich, alle Rechteinhaber zu ermitteln. Betroffene Inhaberinnen und Inhaber von urheberrechtlichen Ansprüchen bitten wir, sich beim Verlag zu melden.

Bibliografische Information der Deutschen Bibliothek

Die Deutsche Bibliothek verzeichnet diese Publikation in der Deutschen Nationalbibliografie; detaillierte bibliografische Daten sind im Internet über *https://www.dnb.de* abrufbar.

ISBN 978–3–7668–4610–5

© 2024 by Calwer Verlag GmbH Bücher und Medien, Stuttgart
Das Werk und seine Teile sind urheberrechtlich geschützt. Jede Nutzung in anderen als den gesetzlich zugelassenen bzw. vertraglich zugestandenen Fällen bedarf der vorherigen schriftlichen Einwilligung des Verlags.
Für Verweise (Links) auf Internet-Adressen gilt folgender Haftungshinweis: Trotz sorgfältiger inhaltlicher Kontrolle wird die Haftung für die Inhalte der externen Seiten ausgeschlossen. Für den Inhalt dieser externen Seiten sind ausschließlich deren Betreiber verantwortlich. Sollten Sie daher auf kostenpflichtige, illegale oder anstößige Inhalte treffen, so bedauern wir dies ausdrücklich und bitten Sie, uns umgehend per E-Mail davon in Kenntnis zu setzen, damit beim Nachdruck der Verweis gelöscht wird.
Redaktion: Karin Klem, Calwer Verlag
Layout, Satz und Herstellung: Karin Class, Calwer Verlag
Umschlaggestaltung: Karin Sauerbier, Stuttgart
Druck und Verarbeitung: OSDW Azymut

Internet: www.calwer.com
E-Mail: info@calwer.com

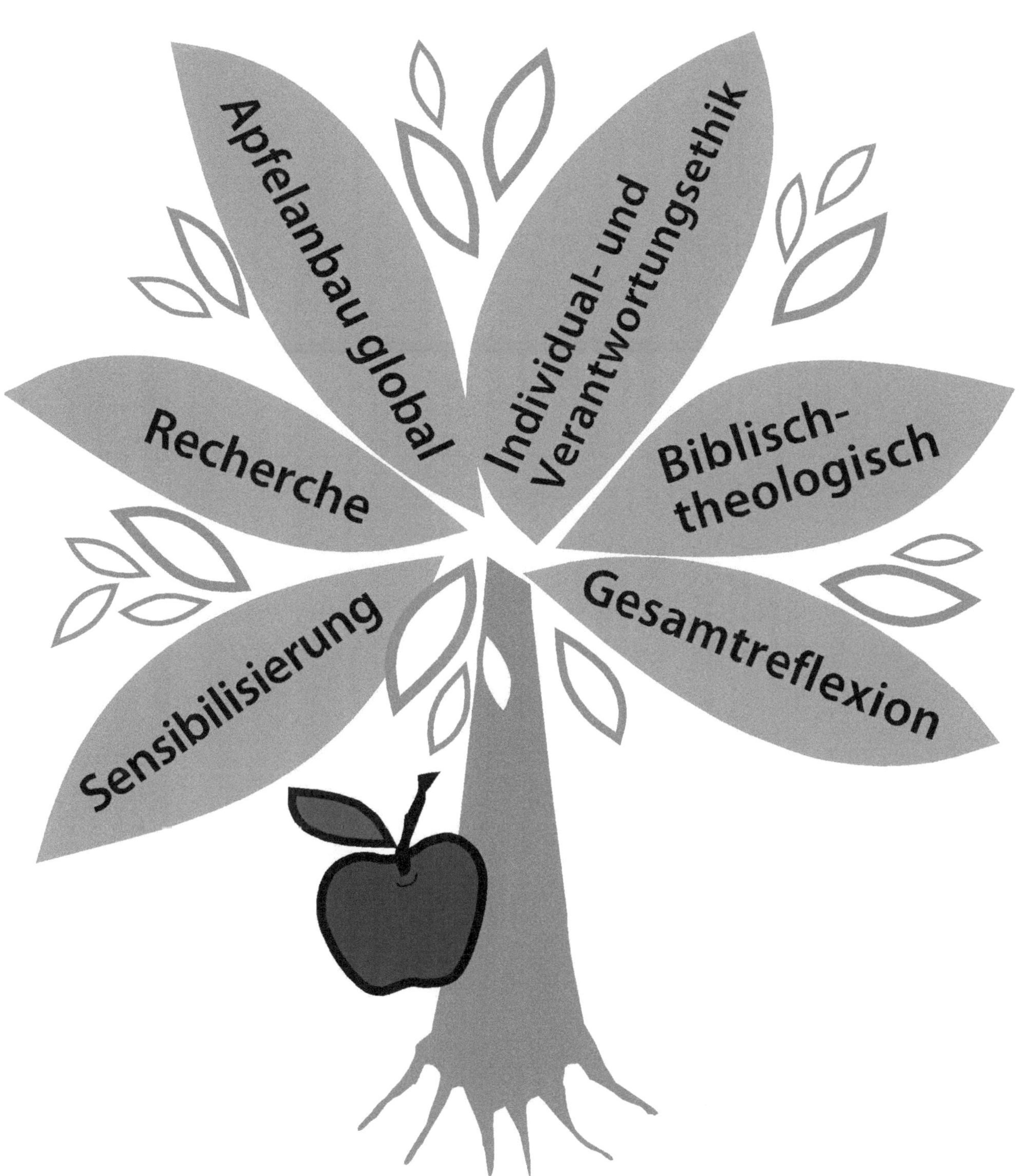

Grafik: Margarete Retzbach

Inhalt

Einleitung

Didaktische und curriculare Überlegungen zur Unterrichtseinheit

Vorbemerkung

Gerechtigkeit und Verantwortung sind die beiden Stichworte dieser Unterrichtseinheit, die für die beruflichen Schulen und das (berufliche) Gymnasium Oberstufe konzipiert wurde. Sie kann aber auch schon ab der 10. Klasse eingesetzt werden. Die Schülerinnen und Schüler sollen in dieser Unterrichtseinheit am Beispiel einer „Lieferkette Apfel" ethische Grundlinien erkennen, d.h. die Unterrichtseinheit ist dem inhaltlichen Kompetenzbereich „Welt und Verantwortung" (Bildungsplan Baden-Württemberg 2016) zugeordnet. Die Schülerinnen und Schüler sollen Verantwortung beim Kauf von Lebensmitteln übernehmen und den biblischen Tun-Ergehen-Zusammenhang am Beispiel des Umgangs mit Lebensmitteln, hier Äpfel, erkennen. Obwohl „die Wurzel des Begriffs Verantwortung [...] weder in der Theologie noch in der Ethik" (Heidbrink et al. 2017) liegt, kann durch die Wortherkunft des Begriffs, die „auf das lateinische Verb respondere (antworten)" (Schweitzer 2022, S. 424) zurückgeht, eine Verbindung zu Gen 3,9 hergestellt werden. Dort ruft Gott Adam durch die Frage „Wo bist du? (V. 9) „zur Verantwortung" (ebd.).

Hier wird deutlich, dass der Mensch biblisch „ein verantwortungspflichtiges, aber eben auch verantwortungsfähiges Wesen" (Schweitzer 2022, S. 425) ist. Somit eröffnet die ethische Reflexion der biblischen Paradiesgeschichte (Gen 2 und 3) die Perspektive einer dialogischen Verantwortungsübernahme, bzw. deren Gegenteil die Verantwortungsdelegation als Ausdruck einer spezifischen Beziehungslosigkeit und Unfähigkeit zur Begegnung, deren Folgen heute als Klimakrise, Gewalt, Krieg um Ressourcen usw. wahrnehmbar werden. An Gen 2 und 3 lässt sich die dialogische Grundsituation erkennen, die Handlungsorientierung geben kann, wenn man diese Geschichte anthropologisch, jeden Menschen betreffend, wahrnimmt. Gewiss ist das hinter Gen 3 liegende biblische Weltbild extrem von unserer heutigen gesellschaftlichen Situation und unserem naturwissenschaftlich geprägten Weltbild entfernt, sodass sich aus biblischen Geschichten keine systematische Ethik unserer Lebenswelt (HGANT 2009, 2. Aufl., Art. Ethik, S. 12–17; Angelika Berlejung; Rainer Kampling) entwickeln lässt, aber die Relation zwischen gemeinschaftsschädigendem oder gemeinschaftserhaltendem Tun wird in den biblischen Narrativen deutlich (ebd., 2009, S. 13): „Gutes Handeln des Einzelnen wurde dabei im Wesentlichen an Gemeinschaftstreue [...], Solidarität [...] und Treue gemessen [...], wohingegen gemeinschaftsschädigendes Verhalten als Verkehrtheit [...] Sünde [...] geächtet war. Die ‚schlechte' Tat fiel auf den Täter zurück, schädigte auch die soziale Gruppe, der er angehörte." (ebd., 2009, S. 13) Dieses grundsätzliche Verständnis von Gerechtigkeit spricht übrigens auch den Gerechtigkeitssinn von Jugendlichen an, wie die Shell Jugendstudie belegt.[1] Tora in diesem Zusammenhang lässt sich als Lebensorientierung und Lebensweisung verstehen und als Ausdruck des Willens Gottes auf den Menschen hin und zwischen Menschen. Im Zweiten Testament (NT) wird Jesus – in den Evangelien – als Lehrer der Tora gesehen und jeder Rezipient bzw. jede Rezipientin der Texte wird in das konnektive[2] Gerechtigkeitsverständnis hineingenommen und beginnt seine eigene Lebenswelt als auch Lebenserfahrung in der Perspektive des biblischen Gerechtigkeits- und Verantwortungsverständnisses zu lesen: Biblische Texte „werden von ihren Lesern, so sie der jüdisch-christlichen Tradition verbunden sind, als Bestandteil ihres eigenen religiösen Lebens angenommen [...]" (ebd., 2009, S. 13) und erhalten so in einer transhistorischen Aneignung Relevanz in der Gegenwart (ebd., 2009, S. 14), d.h. als menschliches Leben vor und mit Gott Bedeutung (ebd., 2009, S. 14).

1 Vgl. https://de.statista.com/statistik/daten/studie/1072190/umfrage/meinung-von-jugendlichen-zur-gerechtigkeit-in-deutschland/ [Abruf 5.2.2022; 16:33].

2 Das konnektive Gerechtigkeitsverständnis basiert auf der „auf die Beziehung Gottes zum Menschen, auf Gottes zurechtbringende[n] Gerechtigkeit, die im dankbaren Bekenntnis der Glaubenden und in ihrer Gerechtigkeit sodann eine Ordnung der Beziehung zwischen den Menschen auf der Grundlage wechselseitiger Anerkennung" (Huber 2013, S. 80).

Gottes Wille in der Tora wird dann Wirklichkeit, wenn Menschen ihre Lebenswelt in „Barmherzigkeit, Friede und Gerechtigkeit“ gestalten und sich verantworten (ebd., 2009, S. 14). Das ethisch reflektierte zwischenmenschliche Handeln wird so zu einem Leben, „in dem sich die Beziehung des Menschen offenbart. Wenn der Mensch sich gegen seinen Nächsten vergeht, vergeht er sich zugleich gegen Gott.“ (ebd., 2009, S. 14) In der biblischen Weisheitsliteratur wird das Nichteinhalten der Tora als Unvernunft qualifiziert (ebd., 2009, S. 15) (Spr 13,19–20; Ps 53) und der Mensch für sein Handeln in Verantwortung genommen (ebd., 2009, S. 15): „Was immer der Mensch tut, er kann es nicht in Absehung Gottes [tun].“ (ebd., 2009, S. 15) In Jes 44 spricht der anonyme Autor auch davon, dass Gott zu loben, nur mit Sinn und Verstand getan werden kann, alles andere wäre Götzendienst. Verantwortung und Gerechtigkeit sind gesamtbiblisch relationale und konnektive Sachverhalte und Beziehungscharakteristika (Joachim Krügler, 2009, Art. Gerechtigkeit, S. 211–212), die die Basis menschlichen Lebens darstellen (ebd., 2009, S. 211). Gerade in dieser Hinsicht ist Gen 3 bedeutsam, weil dem Menschen Verantwortung für Gottes Werk übertragen worden ist (Rainer Kampling, Art. Verantwortung, S. 404–405) und der Mensch als freies Geschöpf sich verantworten, d.h. Gott über sein Tun Auskunft geben muss (ebd., 2009, S. 405). Gott spricht Adam und Eva bei ihrer Würde an, weil er sie zur Verantwortung zieht. Deutlich wird, dass der Mensch „biblisch als ein Wesen gesehen [wird], das Verantwortung für sein Tun übernehmen kann und übernehmen muss, auch wenn er dies nicht immer bereitwillig tut.“ (Schweitzer 2022, S. 425)

Einordung des Themas im Bildungsplan und Standards

Im neuen Bildungsplan des beruflichen Gymnasiums, aber auch in den Bildungsplänen der beruflichen Schulen Baden-Württemberg (Berufliches Gymnasium der sechs- u. dreij. Aufbauform K.u.U., LPH Nr. 1/2020 Reihe I Nr. 39 Band 1 vom 23.07.2020 = BRU 2020) „bilden die biblisch bezeugte Geschichte Gottes mit den Menschen und ihre Deutung in den reformatorischen Bekenntnissen der Evangelischen Landeskirche in Baden und der Evangelischen Landeskirche in Württemberg“ (BRU, 2020, S. 5) Ausgangspunkt unserer Überlegungen. Wir nehmen die allgemeinen Bildungsziele des evangelischen Religionsunterrichts auf und wollen die Schülerinnen und Schüler des beruflichen Gymnasiums (Eingangsstufe, Jahrgangsstufe 1 und 2) darin unterstützen, „den Glauben als Möglichkeit zu entdecken, die Wirklichkeit zu deuten und ihr Leben zu gestalten.“ (BRU, 2020, S. 6) In der Unterrichtseinheit Gerechtigkeit und Verantwortung stehen alltagspraktische Fragen im Fokus, die die Lernenden befähigen sollen, den „eigenen Lebensentwurf“ zu bedenken und über „die eigene Deutung von Wirklichkeit und über individuelle Handlungsoptionen entscheiden“ (BRU, 2020, S. 6) zu können. Zu den grundsätzlichen Fragen der Gerechtigkeit beziehen wir uns auf Wilhelm Schwendemann/Anna Sophie Verständig/York Breidt (2021): Soziale Gerechtigkeit, Göttingen: Vandenhoeck & Ruprecht[3]. In vorliegender Unterrichtseinheit wollen wir auch eine Lesehilfe zu den beiden biblischen Texten Gen 3 und Jes 2,1–4 bieten, die wir verantwortungsethisch auslegen und hier vor allem die soziale und ethische Kompetenz der Lernenden im Blick haben, mit sich und ihrem Konsumverhalten verantwortungsbewusst und reflektiert umzugehen (BRU, 2020, S. 6). Am Beispiel der Apfelproduktion und des Konsums von Lebensmitteln zeigen wir an einem allen Lernenden zugänglichen Beispiel auf, wie Gerechtigkeit und Verantwortung ineinandergreifen und auf der Ebene des Rezeptionsvermögens von Lernenden im Oberstufenbereich des beruflichen Gymnasiums alltagspraktisch umgesetzt werden kann. Wie in jedem Unterricht geht es um die Bestimmung von prozess- und inhaltsbezogenen Kompetenzen (hier Wilhelm Schwendemann; Katrin Hagen; Jürgen Rausch und Andrea Ziegler (2023): Einführung in die Religionsdidaktik, 2. erweiterte korr. Aufl. Stuttgart: Calwer).[4]

Die fünf prozessbezogenen Kompetenzen sind:
Wahrnehmungs- und Darstellungsfähigkeit: „Die SuS nehmen religiös bedeutsame Phänomene wahr und beschreiben sie.“ Konkret: Die SuS werden für Fragen der Gerechtigkeit und der persönlichen Verantwortungsübernahme sensibilisiert und nehmen die religiöse Wahrheitsfrage in einem alltagspraktischen Beispiel wahr.

Deutungsfähigkeit: „Die SuS verstehen und deuten religiös bedeutsame Sprache und Zeugnisse.“ Konkret: Die SuS verstehen und deuten die beiden biblischen Bezugstexte Gen 3 und Jes 2 und übersetzen religiöse Sprache in ihre eigene Lebenswelt und in ihren eigenen Verantwortungsbereich.

Urteilsfähigkeit: „Die SuS urteilen in religiösen und ethischen Fragen begründet.“ Konkret: Die SuS beurteilen

3 Wilhelm Schwendemann/Anna Sophie Verständig/York Breidt (2021): Soziale Gerechtigkeit, Göttingen: Vandenhoeck & Ruprecht.

4 Zu den prozessbezogenen Kompetenzen zählen Evangelische Religionslehre (S. 8) Berufliches Gymnasium der sechs- u. dreij. Aufbauform K.u.U., LPH Nr. 1/2020 Reihe I Nr. 39 Band 1 vom 23.07.2020.

Gerechtigkeitsfragen in Bezug auf Apfelproduktion und Apfelkonsum und wenden ethisches Urteilsvermögen auf den Umstand von Liefer- und Verantwortungsketten an.

Dialogfähigkeit: „Die SuS nehmen am religiösen Dialog argumentierend teil." Konkret: Die SuS werden befähigt, eigene religiös-ethische Sichtweisen zu argumentieren und dialogisch zu vertreten.

Gestaltungsfähigkeit: „Die SuS verwenden religiös bedeutsame Ausdrucks- und Gestaltungsformen reflektiert." Konkret: Die SuS sind in der Lage, Unterrichtsergebnisse zur vorliegenden Unterrichtseinheit in Form einer öffentlichen Präsentation oder einer Ausstellung zu gestalten und zu präsentieren.

In der Eingangsstufe der beruflichen gymnasialen Oberstufe bietet sich diese Unterrichtseinheit in Bezug auf die hermeneutische Fragestellung „Was hat die Bibel mit meinem Leben zu tun?" an; im Vordergrund stünden existenzielle Fragen wie Sinn und Verantwortungsübernahme (siehe Bildungsplan/BRU 2020, S. 17). In der Jahrgangsstufe 1 bietet sich BPE 4.5 an: „Die SuS zeigen Konsequenzen des christlichen Gottesglaubens für die Gegenwart auf. Konsequenzen des christlichen Gottesglaubens für die Gegenwart „Was können Christen zum Erhalt der Schöpfung beitragen?" [...] soziale Gerechtigkeit, [...] christliches Lebensgefühl und Lebensgestaltung" (Bildungsplan/BRU 2020, S. 19). In der Jahrgangsstufe 2 als Beispiel für die BPE 6 Welt und Verantwortung: richtig leben. Dort heißt es: „Die SuS reflektieren das Verständnis von der Welt als Schöpfung und fragen nach der Verantwortung des Menschen. [...] Sie überprüfen, inwieweit biblische Gerechtigkeitsvorstellungen Impulse für die Gestaltung einer gerechten Welt geben können" (Bildungsplan/BRU 2021, S. 22). Besonders hervorzuheben wäre BPE 6.3: „Die SuS entwickeln anhand biblischer Gerechtigkeitsvorstellungen Perspektiven für eine gerechte Welt. Biblische Gerechtigkeitsvorstellungen [...] Aus dem christlichen Glauben motiviertes Engagement für Gerechtigkeit an einem Beispiel ‚(Wie) lässt sich Gerechtigkeit verwirklichen?' [...]" (Bildungsplan/BRU 2021, S. 23).
Für die folgenden Unterrichtsentwürfe zählen die oben aufgeführten curricularen Standards und die übergeordnete Zielformulierung des Bildungsplans für den evangelischen Religionsunterricht am beruflichen Gymnasium. Bezogen wird sich inhaltlich, wie aufgeführt, auf die fünf Kernkompetenzen, um die Bildungsziele aus dem Bildungsplan zu erreichen.
Die Sachthemen, rund um den Apfel, sind hier in die oben genannten Bildungskategorien verortet. Die SuS sollen anhand der vorbereiteten Unterrichtsentwürfe umfassende Kenntnisse erwerben, um ethisch und theologisch verantwortungsbewusst Produktionsketten von Lebensmitteln zu analysieren, zu argumentieren und reflektieren, damit sie befähigt sind, darüber Auskunft zu geben und diese zu bewerten. Diese Fähigkeit schließt inhaltlich nahtlos an die fünf prozessbezogenen Kompetenzen an.
Aufgrund der erworbenen Sachkenntnisse und Reflexionsmöglichkeiten hinsichtlich dieses Themas sind die Lernenden nach der Unterrichtseinheit befähigt, subjektiv für sich im Horizont ethischer und religiöser Maßstäbe zu urteilen, ob sie für sich in Beziehung der Gesellschaft und deren Ernährungssysteme richtig und sozial gerecht leben.
Die einzelnen Unterrichtsentwürfe sind nach der Operatorenliste des Bildungsplans gestaltet, sodass der Unterricht nach guten und qualitativen Standards durchgeführt werden kann. Operatoren sind handlungsleitende Verben und dienen zur exakten Zielformulierung einzelner Unterrichtseinheiten sowie den übergeordneten Bildungsplaneinheiten. Dies wird praktisch in den einzelnen Teilzielformulierungen der folgenden Unterrichtseinheiten deutlich. Gute Ziele sollten demnach handlungsaktiv formuliert sein, damit klar wird, welche Anforderungen die Schülerinnen und Schüler in der Regel erfüllen sollen und was sie aktiv im Unterricht tun.
Schülerinnen und Schüler haben ebenfalls unterschiedliche Lerntempi und unterschiedliche kognitive Auffassungsgaben. Entsprechend sind von den Lehrenden in den Unterrichtseinheiten ebenfalls die drei Anforderungsbereiche zu berücksichtigen, die das Erreichen des vorgesehenen Niveaus des Unterrichts garantieren. Um inklusiven Unterricht zu gewährleisten, muss jedem Schüler und jeder Schülerin die Möglichkeit gegeben sein, individuelle Anknüpfpunkte zu erleben und zu erkennen. Dies ist durch die unterrichtliche Ausgestaltung der Anforderungsbereiche möglich. Diese sind aus dem Bildungsplan entnommen und aufgeführt.
Anforderungsbereich I umfasst die Zusammenfassung von Texten, die Beschreibung von Materialien und die Wiedergabe von Sachverhalten unter Anwendung bekannter bzw. eingeübter Methoden und Arbeitstechniken.
Anforderungsbereich II umfasst das selbstständige Erklären, Bearbeiten und Ordnen bekannter Inhalte und das Anwenden gelernter Inhalte und Methoden auf neue Sachverhalte.
Anforderungsbereich III umfasst die selbstständige systematische Reflexion und das Entwickeln von Problemlösungen, um zu eigenständigen Deutungen, Wertungen, Begründungen, Urteilen und Handlungsoptionen sowie zu kreativen Gestaltungs- und Ausdrucksformen zu gelangen (Bildungsplan Baden-Württemberg/BRU 2021, S. 26).
Im Weiteren werden die Operatoren ausformuliert und können eigenständig im Bildungsplan nachgelesen werden.

Denkaufgaben:

1. Inwiefern „sind Bibeltexte ‚Antworttexte', die in konkreten geschichtlichen Konstellationen Antworten des Glaubenden auf die ‚Provokation der Situation' gesucht und gefunden haben" (Berg 1993, S. 69)?
2. Wie lassen sich aus Bibeltexten ethische Orientierungen ableiten, die zu einem Wissenszuwachs und neuen Handlungsoptionen führen?
3. Erarbeiten Sie sich die Gemeinsamkeiten und Unterschiede des Begriffs Verantwortung in den nachfolgenden Zitaten:
   a. „Spätestens seit der zweiten Hälfte des 20. Jh. wird aber z.B. der Herrschaftsauftrag in Gen 1,28 im Sinne einer Verantwortung des Menschen für die Mitwelt und gegenüber Gott gedeutet" (Breitmeier 2003, S. 216).
   b. „Derjenige, der Verantwortung wahrnimmt, ist anderen gegenüber in seinem Handeln in irgendeiner Weise zu Rechenschaft verpflichtet" (Lutz-Bachmann 2013, S. 172).
   c. „Der Begriff der Verantwortung lässt deutlich werden, dass es in letzter Instanz immer einzelne Menschen oder individuelle Handlungssubjekte sind, die als Träger von Verantwortung figurieren, selbst dann, wenn die Zuweisung und Übernahme von Verantwortung stets in einem gesellschaftlich-sozialen Kontext geschieht" (Lutz-Bachmann 2013, S. 174).

Hinführung zum Thema „Ernährung"

Zunächst ist festzuhalten, dass „jeder Mensch [...] essen [muss], von den ersten Tropfen Muttermilch bis zur Verweigerung der Nahrungsaufnahme am Lebensende" (Bederna 2022, S. 131). Laut Wolfgang Huber (2013) entscheiden erwachsene Personen „über nichts häufiger [...], als darüber was sie essen" (Huber 2013, S. 75). Wie Huber (2013) betont, ist Ernährung ein Thema, das jeden Einzelnen betrifft und gleichzeitig global relevant ist. Der Einkaufskorb wird somit zu einem Instrument der Demokratie und ist keine abstrakte Idee (vgl. ebd.). Konsumierende in Europa sind mit Produzierenden weltweit verbunden und beeinflussen somit auch die Arbeitsbedingungen. Obwohl ein Apfel lediglich ein Bestandteil einer ausgewogenen Ernährung ist, steht er doch hier exemplarisch für die Summe an Lebensmitteln, die wir Menschen für unseren eigenen Erhalt benötigen. Doch Ernährung ist auch „ein umfassendes [...] soziales Phänomen: Sie ist [...] ökonomisch (Landeigentum, industrielle Verarbeitung, Werbung [...]), [...] politisch (friedensstiftend, kriegstreibend, subventioniert, [...]) und spirituell: Was, wie viel, wie, wo, wann, [...]" (Bederna 2022, S. 131). Auch „hat Essen einen gesamtgesellschaftlichen Einfluss [...], insofern wir unsere Lebenswelt, unsere Städte und Landschaften, unsere Häuser und Wohnungen nicht zuletzt nach Kriterien gestalten, die mit Gastlichkeit sowie der Herstellung und dem Transport, Verkauf, der Lagerung und den Verzehrmöglichkeiten von Essen zusammenhängen" (Meyer 2017, S. 19). Essen ist zudem, wie Georg Simmel bemerkt, „hochgradig individuell – ‚was ich denke, kann ich andere wissen lassen; was ich sehe, kann ich sie sehen lassen; was ich rede, können Hunderte hören – aber was der einzelne isst, kann unter keinen Umständen ein anderer essen'" (Meyer 2017, S. 22). [...] Gleichzeitig ist „sich Ernähren [...] *sozial.* Die gemeinsame Nahrungsaufnahme – statt des heimlichen Alleine-Essens, des Naschens – befriedet die Nahrungskonkurrenz und stiftet Gemeinschaft: Wer miteinander (cum) das Brot (pane) teilt, ist Kumpane" (Bederna 2022, S. 131).

In Bezug auf Gen 3,1–7 wird die Analogie der Nahrungsaufnahme deutlich, einschließlich der damit einhergehenden Veränderungen wie dem Gefühl des Wohlbefindens und der Stillung des Hungers (vgl. Staubli & Schroer 2014, S. 260). Ebenso wird die Wirkung von Worten sichtbar, deren Verarbeitung nicht im Gehirn, sondern im Körperinneren verortet wird. Vor diesem Hintergrund wird in der Paradiesgeschichte von der Wirkung des Essens der Früchte vom Baum der Erkenntnis von Gut und Böse erzählt. Es wird angenommen, dass der Mensch sowohl Nahrung als auch Sinn benötigt, um zu leben, und dass beide ihre Wirkung im Inneren entfalten (vgl. ebd.). Unter Berücksichtigung der Relation, die in Gen 2,4b zwischen dem ‚Menschen' (ʼāḏām, wörtlich ‚Erdling') und dem Erdboden (ʼăḏāmāh) verdeutlicht wird (vgl. Bauks 2013, S. 351), muss nochmals deutlich betont werden: „Essen kommt nicht aus dem Supermarkt. Essen kommt von der Erde" (Bederna 2022, S. 135). Wie Bederna (2022) feststellt, ist die Erde, von der wir unsere Lebensmittel beziehen, durch verschiedene Herausforderungen bedroht, wie beispielsweise den Klimawandel, die Ozeanversauerung, den Wandel der Landnutzung, den Mangel an Süßwasser und die Störung des Stickstoff- und Phosphorkreislaufs.

Unterrichtseinheit 1: Sensibilisierung

Das Ziel der ersten Unterrichtseinheit besteht darin, die Lernenden für das Thema Apfel / Apfelanbau / Apfelkonsum / Apfellieferkette zu sensibilisieren. Dabei sollen die Sinne der Lernenden, insbesondere der sensomotorische und olfaktorische Bereich, angesprochen werden.

Am Ende erstellen die Lernenden den „besten Apfel“ als Ergebnis einer Jury. Die Ergebnisse dieser Jury-Arbeit werden dann mit den Anbaubedingungen, Anbaumethoden, fairen Arbeitsbedingungen und ökologischen Gesichtspunkten der Massenproduktion von Äpfeln kontrastiert.

Einstieg: Die Lehrperson bringt verschiedene Äpfel aus Streuobstwiesen und dem Supermarkt mit in den Unterricht. Die Äpfel werden in Probierschälchen serviert und vorbereitet. Die Lernenden sollen eine Apfelverkostung durchführen und dabei ausschließlich ihre Geschmacksempfindungen berücksichtigen. In der arbeitsgleichen Gruppenarbeit werden Kriterien für den ‚besten Apfel‘ gesammelt, diskutiert und am Ende des Gruppenprozesses in eine gemeinsame Hierarchie gebracht. Dies wird auf dem Arbeitsblatt **M 1.1** oder für die Gruppenarbeit auf den Blanco-Bögen festgehalten.

Im Plenum werden die verschiedenen Kriterien-Bögen zusammengeführt und diskutiert, um eine gemeinsame Liste von fünf hierarchisch angeordneten Kriterien für den „besten Apfel“ zu erstellen.

Nach der Verkostung werden Bilder von verschiedenen Anbauflächen und Anbaumethoden der Apfelproduktion gezeigt **M 1.2**, die den jeweiligen verkosteten Äpfeln zugeordnet werden sollen.

Anschließend entwickeln die Schülerinnen und Schüler in einer weiteren Gruppenarbeit anhand ihrer Kriterien und der gezeigten Bilder/Medien einen Werbeslogan für den „besten Apfel“.

In der Vertiefung sollen die Vor- und Nachteile der jeweiligen Anbaumöglichkeiten herausgearbeitet und dokumentiert werden. Hierzu analysieren die Schülerinnen und Schüler das Interview **M 1.3** und können die jeweiligen Vor- und Nachteile der Anbauflächen benennen.

Daran anschließend werden die Schülerinnen und Schüler für Werbestrategien im Kontext des Apfelmarketings sensibilisiert **M 1.4a**. Hierfür entwerfen sie zunächst selbst unter Einbezug von **M 1.1–M 1.3** einen Flyer für einen Apfel, den sie ihrem Supermarkt empfehlen würden und beurteilen diesen nach Bearbeitung von **M 1.4b–M 1.4d**.

Abschließend können die Schülerinnen und Schüler mit Hilfe von **M 1.5–M 1.7** das seit 2023 in Kraft getretene Lieferkettengesetz am Beispiel des Apfels erläutern.

M 1.1 Kriterien für die Apfelverkostung

Apfel aus der Schale Nr.:						
Kriterien	1	2	3	4	5	6
Geruch						
Mundgefühl						
Gesamtpunktzahl des Apfels:						

Apfel aus der Schale Nr.:						
Kriterien	1	2	3	4	5	6
Geruch						
Mundgefühl						
Gesamtpunktzahl des Apfels:						

© Calwer Verlag GmbH

Apfel aus der Schale Nr.:						
Kriterien	1	2	3	4	5	6
Geruch						
Mundgefühl						
Gesamtpunktzahl des Apfels:						

Aufgaben:

1. Erarbeiten Sie weitere Kriterien für eine Apfelverkostung.
2. Ergänzen Sie die angegebenen Tabellen mit Ihren Kriterien.
3. Führen Sie unter Einbezug der Tabellen eine Verkostung von verschiedenen Äpfeln durch.
4. Werten Sie abschließend Ihre Ergebnisse zuerst in der Gruppe und dann anschließend im Plenum aus.

M 1.2 Apfelanbaugebiete

Abbildungen von pixabay.com: Conbey, Hans, Efraimstochter, congerdesign, NoName_13, Greg Montani

© Calwer Verlag GmbH

Aufgaben:

1. Ordnen Sie den verkosteten Äpfeln die jeweilige Anbaufläche zu.
2. Analysieren Sie das Interview (**M 1.3**) und erarbeiten Sie sich, durch Einbezug des Interviews, die Vor- und Nachteile der jeweiligen Anbauflächen und halten Sie Ihre Ergebnisse in Form von Wandzeitungen o.Ä. fest.
3. Entwerfen Sie anhand Ihrer Kriterien (**M 1.1**), dem Interview (**M 1.3**) und den Bildern von Apfelanbaugebieten (**M 1.2**) einen Werbeslogan für den „besten Apfel" und stellen Sie diesen im Plenum vor.

M 1.3 Interview

Interview mit Berufsschullehrer Traugott Röhm von der Staatsschule für Gartenbau in Hohenheim. Er pflegt selbst am Albtrauf Streuobstwiesen und ist vertraut mit den dazugehörigen Tätigkeiten.

Welche Merkmale hat eine Streuobstwiese, Herr Röhm?

RÖHM: Ursprünglich wurden die landwirtschaftlichen Flächen, die hier in der Gegend oft eine Hanglage hatten, doppelt genutzt. Beispielsweise wurde darauf Gras als Viehfutter angebaut und gleichzeitig auch Obstbau betrieben. Mittlerweile ist eine Streuobstwiese oft dadurch gekennzeichnet, dass das Gras gemulcht wird, also auf der Fläche liegen bleibt und so vor Ort zersetzt wird. Teilweise wird aber auch heute noch bei Nutzung durch Landwirte das Mähgut als Viehfutter verwendet und der dadurch entstandene Nährstoffverlust durch Aufbringen von Gülle ersetzt. Auf einer Streuobstwiese gibt es zudem, wie im Begriff schon enthalten, auch Obstbäume, die meist hoch- oder halbstämmig sind, wodurch sie herausfordernder bei der Pflege und Ernte sind. Zudem besteht eine Streuobstwiese meist aus verschiedenen Kernobst-Bäumen, die hauptsächlich der Saft- oder Mostherstellung dienen.

Erzählen Sie uns von den Vor- und Nachteilen einer Streuobstwiese?

RÖHM: Eine Streuobstwiese hat den Vorteil, dass sie Lebensraum für Insekten, Kleinsäuger und Reptilien, wie z.B. Eidechsen und Blindschleichen ist. Zudem bietet sie Vögeln Nistplätze und ein reichhaltiges Angebot an Nahrung. Eine Streuobstwiese ist auch meist deutlich artenreicher als eine stark gedüngte Wiese, auf der Grünfutter für die Landwirtschaft erzeugt wird, insbesondere was das Vorkommen von Kräutern anlangt, die an nährstoffarme Bedingungen angepasst sind. Hier in der Region sind sogar vereinzelt Orchideen auf Streuobstwiesen anzutreffen.

Die Nachteile einer Streuobstwiese liegen beim hohen Arbeitsaufwand für Baumschnitt, Mähen und Ernten. Durch die Bepflanzung der Wiese durch Bäume wird eine großflächige maschinelle Bearbeitung des Bodens oft unmöglich und durch die hohen Bäume ist der Erntevorgang herausfordernd.

Inwiefern ist es notwendig, dass auf Streuobstwiesen insbesondere alte Apfelsorten kultiviert werden?

RÖHM: Alte Apfelsorten benötigen meist weniger Pflege als neue. Des Weiteren dient die Kultivierung von alten Sorten der Erhaltung der Biodiversität und damit dem Genpool, auf den bei einer neuen Entwicklung zurückgegriffen werden kann. Auch weisen alte Sorten teilweise mehr Lebensgrundlage für Insekten durch z.B. ihre Pollen auf.

Welche Vorteile gibt es bei alten Apfelsorten?

RÖHM: Einige alte Apfelsorten sind für Allergiker besser geeignet. Zudem sind alte Sorten anspruchsloser was Boden- und Klimabedingungen angeht und sind häufig weniger krankheitsanfällig.

Welche Nachteile gibt es bei alten Apfelsorten?

RÖHM: Gleichzeitig sind manche alten Apfelsorten teilweise krankheitsanfälliger als neue, auf Resistenz gezüchtete Sorten (z.B. betreff Schorf, Mehltau und Feuerbrand). Darüber hinaus sind die Früchte alter Sorten oft aufgrund ihrer Optik schwieriger zu vermarkten.[1]

Welche besondere Verantwortung hat man, wenn man eine Streuobstwiese bewirtschaftet?

RÖHM: Zunächst einmal trage ich durch die Bewirtschaftung Verantwortung für den Erhalt der Vielfalt von Flora und Fauna. Konkret achte ich hierfür darauf, dass das Mähgut nicht zu stark zerkleinert wird und Tiere damit geschont werden – d.h. ich verwende einen Balkenmäher anstatt eines Rasentraktors, der das Mähgut und die darin enthaltenen Tiere kleinhäckseln würde. Des Weiteren achte ich darauf, die Wiese floraverträglich zu mähen. Dies bedeutet, erst spät – d.h. erst im Juni – zu mähen, so dass Kräuter blühen und ihre Samen ausbilden können und so auf der Wiese erhalten bleiben. Auch ist es für Insekten wichtig, dass sie die Blüten der Wiesenkräuter als Nahrungsquelle nutzen können.

Weiter verzichte ich weitgehend auf Düngung und chemische Pflanzenschutzmittel, dies schützt zudem das Grundwasser. Jedoch hat dies auch zur Folge, dass der Ertrag von Jahr zu Jahr stark schwanken kann. Andererseits sorgt gerade der Verzicht auf die Düngung dafür, dass Kräuter nicht durch die konkurrenzstärkeren Gräser verdrängt werden und somit die Pflanzengesellschaft der Wiese artenreicher ist, was natürlich auch der Fauna zugutekommt.

Ein weiterer Aspekt ist für mich angesichts der fortschreitenden Alterung vieler Streuobstbäume, die von mir betreuten alten Obstbäume so gut wie möglich durch regelmäßigen Schnitt vor dem Absterben zu bewahren, indem sie durch den Schnitt angeregt werden, neue Zweige zu bilden.

© Calwer Verlag GmbH

1 Bis zu dieser Frage wurde das schriftlich geführte Interview durch Informationen von folgenden Internetquellen von Herrn Röhm ergänzt: https://www.streuobstparadies.de/Streuobst-Infozentrum
https://www.bund-bawue.de/themen/natur-landwirtschaft/streuobstland-baden-wuerttemberg/alte-obstsorten/

M 1.4a Apfelmarketing

https://www.apfel-pinklady.com/de/pink-lady/

Aufgaben:

1. Entwerfen Sie unter Einbezug Ihres Werbeslogans und der bislang gewonnenen Erkenntnisse arbeitsteilig in Gruppen einen Flyer für einen Apfel, den Sie Ihrem Supermarkt empfehlen würden.
2. Erarbeiten Sie sich die Marketingstrategien von großen Apfelerzeugern.
3. Nehmen Sie die Kritik von Greenpeace (**M 1.4c**) und aus dem ZEIT-Artikel (**M 1.4b**) an diesen Werbe-Strategien wahr und analysieren Sie die Argumente der Kritik.
4. Vergleichen Sie Ihre Ergebnisse mit den von *Pink Lady* aufgeführten Selbstverpflichtungen, welche Sie per QR-Code nachlesen können.
5. Bedenken Sie jetzt noch einmal Ihren eigenen Werbeslogan und verändern Sie gegebenenfalls Ihre eigene Marketingstrategie.

Grafik: pixabay.com/sapfirart

© Calwer Verlag GmbH

***Pink Lady* heißt die erste Sorte, die weltweit zu einem Markenprodukt gemacht wurde. Wer sie anbaut, unterwirft sich totaler Kontrolle.**

Diese Äpfel werden überwacht

Pink Lady ist eine Diva. Ein Apfel mit Allüren. Die Bäume, an denen er wächst, blühen früher als alle anderen. Geerntet wird er trotzdem als Letzter, noch bis Ende November hängt er an den Zweigen. Und wer ihn pflücken will, sollte nicht nur Ahnung vom Obstanbau haben. Sondern sich auch mit Paragrafen auskennen. Sonst wird aus einer Obstwiese voller prächtiger Apfelbäume schnell wieder ein gewöhnlicher Acker.

Das erlebt gerade ein Bauernpaar aus Südtirol, das im Tal südlich von Bozen eine Wiese, voll mit *Pink-Lady*-Apfelbäumen, gekauft hat. Bald werden Bagger die Bäume aus dem Boden reißen und zerstören. Nicht weil sie eine Krankheit hätten oder sich ihre Äpfel nicht gut verkaufen würden. Sondern weil der Verkäufer des Grundstücks die Anbaulizenz für *Pink-Lady*-Äpfel nicht zusätzlich verkauft hat. Deswegen stehen die Bäume hier jetzt illegal.

Pink Lady ist der Name eines Apfels, der zur globalen Marke wurde. Während Sorten wie Braeburn oder Boskop von jedermann angebaut werden dürfen, kontrollieren die Inhaber der *Pink-Lady*-Rechte die gesamte Wertschöpfungskette. Sie verdienen an jedem verkauften Apfel und jedem gepflanzten Baum. Die Strategie funktioniert. Denn obwohl ein Kilo im Supermarkt drei Euro und damit locker doppelt so viel kostet wie ein Kilo konventioneller Äpfel, steht *Pink Lady* heute gemäß der World Apple Review der Obstmarktanalysefirma Belrose bereits auf Platz acht der globalen Anbaustatistik, in der Daten für China allerdings fehlen.

Züchter, Landwirte und Vermarkter in aller Welt tun gleichwohl alles, um die Erfolgsgeschichte von *Pink Lady* mit neuen Äpfeln zu wiederholen.
Dessen Geschichte begann 1973, als der Australier John Cripps vom staatlichen australischen Forschungsinstitut Western Australian Department of Agriculture die neue Sorte *Cripps Pink* zum ersten Mal kreuzte und die nächsten 20 Jahre damit verbrachte, die ideale Tochtersorte zu finden. Beim Kreuzen werden tausende Male Blüten mit dem Pollen anderer Sorten bestäubt. Bis eine Mischung mit den gewünschten Eigenschaften herauskommt, können zwanzig bis vierzig Jahre vergehen. In dieser Hinsicht unterscheidet sich die Entwicklung neuer Äpfel kaum von der neuer Medikamente.

In den Neunzigern sicherte sich der nationale Obstbauernverband Apple and Pear Australia Ltd. die Sortenrechte und den zugehörigen Markennamen *Pink Lady*. Etwa zur gleichen Zeit kämpften Obstbauern im Rest der Welt mit einem Problem. „Bauern bekamen immer weniger für ihre Äpfel, der Markt war in einer strukturellen Überproduktion", sagt Gerhard Dichgans, damals Geschäftsführer des Verbands der Südtiroler Obstgenossenschaften.

Auf der Suche nach einem Ausweg aus der Krise lernte Dichgans die Firma Starfruits kennen, die die *Pink-Lady*-Rechte für Europa innehatte und ihm erklärte, warum die Exklusivapfel-Strategie sein Problem lösen würde: Wenn nämlich nur wenige Bauern die Rechte zum Anbau hätten, ließen sich die Qualität und die Menge der Äpfel besser kontrollieren. Auch würde sich Werbung lohnen, wenn jeder, der entlang der Vermarktungskette davon profitiert, mitzahlen würde. Kurz: Aus einem schnöden Apfel ließe sich ein Premiumprodukt machen.

Weil *Pink-Lady*-Äpfel zudem nur in warmem Klima gedeihen, mussten die Südtiroler aus traditionellen, aber kühleren Apfelländern wie Deutschland oder Polen keine Konkurrenz befürchten. Also übernahmen sie 1998 von Starfruits das *Pink-Lady*-Geschäft für ihre Region. „Es war schwierig, den Bauern das Konzept einer lizenzierten Sorte zu vermitteln, für die Lizenzgebühren ins Ausland zu überweisen waren, weil es in Europa in unserem Sektor absolutes Neuland war", erzählt Dichgans.

Trotz anfänglicher Skepsis beteiligten sich genug experimentierfreudige Bauern. Zunächst blieb der Erfolg aus, weil viele Handelsketten Äpfel lieber in Säcke mit eigenem Logo verpacken wollten. Doch das änderte sich, als die Kunden die höheren Apfelpreise akzeptierten. Pro Kilo Äpfel verbleibt bei den *Pink-Lady*-Bauern heute etwa ein Euro. Pro Hektar Anbaufläche seien die Erlöse damit im Durchschnitt ungefähr doppelt so hoch wie bei einer herkömmlichen Sorte wie Gala, sagt Walter Guerra, Apfelexperte am Agrarforschungszentrum Laimburg in Südtirol. In der Region sei das Interesse an *Pink-Lady*-Anbaulizenzen inzwischen so groß, dass der Verband der Obstgenossenschaften ein Losverfahren eingeführt habe, um neue Lizenzen fairer zu verteilen – und auch Neueinsteigern eine Chance zu geben.

© Calwer Verlag GmbH

Der Platz in den Supermärkten ist begrenzt

Für die Flächenlizenz zahlen die Bauern nichts, doch die *Pink-Lady*-Bäume sind mit rund zwölf Euro mehr als doppelt so teuer wie andere Sorten, denn auch die Baumschulen verdienen an der Premiumsorte und zahlen ihrerseits Abgaben an Starfruits. Einen Hektar Obstwiese für die Produktion von *Pink Lady* herzurichten kostet inklusive junger Bäume, Pflanzarbeit, Stützstangen und dergleichen insgesamt etwa 65.000 Euro – statt 40.000 Euro wie bei herkömmlichen Sorten. Was die Bauern an Starfruits an Lizenzgebühren zahlen müssen, wird nach Erntemenge berechnet: je Kilo ein paar Cent, rund fünf Prozent dessen, was die Bauern für ihre Äpfel bekommen.

Werbung war von Anfang an Teil des kommerziellen Erfolgs des *Pink-Lady*-Apfels. Schon bei der Markteinführung in den Neunzigern gab es Plakatwände und TV-Spots. Ein *Pink-Lady*-Truck tourte durch Städte und lud Passanten zum Probieren ein. Bis heute klebt auf jedem Apfel ein kleiner herzförmiger Sticker: das Markenlogo. Finanziert wird die Werbung von der Organisation *Pink Lady* Europe, einem Zusammenschluss aller, die an der Apfelproduktion beteiligt sind, vom Bauern bis zum Obstgroßhändler. Auch an *Pink Lady* Europe zahlen die Bauern je Kilo Äpfel rund fünf Cent.

Wichtig für ein Markenprodukt ist seine konstante Qualität. Deshalb müssen die Obstbauern zahlreiche Standards beachten, wie Thierry Mellenotte erklärt, der Geschäftsführer von *Pink Lady* Europe: „Die Apfeloberfläche muss zu mindestens 40 Prozent tiefrosa sein, der Zuckergehalt über 6,8 Grad Brix liegen." Unterschiede gibt es allein bei den Größenvorgaben, die je nach Zielland variieren. „Italiener und Spanier mögen große Äpfel, Skandinavier und Briten kleine, Deutschland kauft mittelgroß", sagt Mellenotte.
Nach Angaben von *Pink Lady* Europe erfüllen im Durchschnitt 65 bis 70 Prozent der Ernte sämtliche Kriterien. Alle anderen dürfen nicht mehr als *Pink Lady* verkauft werden, allenfalls als *Cripps Pink* sind sie noch handelbar. Für diese Ware bekommen Bauern dann 90 Prozent weniger Geld – gerade mal zehn Cent pro Kilo.
Kritiker bezeichnen die derart genormte Sorte abschätzig als „Designerapfel". Für den Pomologen Guerra überwiegen aber die Vorteile: Die Bauern bekämen mit dieser Exklusivsorte ein Alleinstellungsmerkmal, das helfe, im internationalen Wettbewerb zu bestehen. Zudem sei das Exklusivmodell von *Pink Lady* Europe relativ fair. Die Markeninhaberin Starfruits bestimme Kriterien und Strategie nicht von oben herab, sondern in Kooperation mit der Organisation *Pink Lady* Europe, die schließlich auch von Bauern und Züchtern getragen werde. Gemeinsam beobachten sie den Markt und geben nur so viele neue Lizenzen frei, wie voraussichtlich Äpfel verkauft werden können. Das soll ein Überangebot und damit einen möglichen Preisverfall verhindern. Im Jahr 2025 sollen beispielsweise in Europa 275.000 Tonnen *Pink Lady* produziert werden – das entspräche etwa drei Prozent der gesamten europäischen Apfelproduktion.

Wenig verwunderlich, dass Züchter versuchen, den Erfolg zu wiederholen. Entstanden neue Sorten früher vor allem in staatlichen Forschungszentren und konnten dann von Bauern kostenlos angebaut werden, sind heute Obsthandelsfirmen die Treiber der Innovationen. Sie orientieren sich an den Marktaussichten, entwickeln rotfleischige oder klimaresistente Äpfel, kernlose und solche mit weniger Allergenen. Entstanden sind neue Exklusivsorten wie Jazz, Kanzi oder Cosmic Crisp. Sie haben Internetseiten, Social-Media-Auftritte. Kanzi sponserte in diesem Jahr die Berlinale. Dass sie den Erfolg von *Pink Lady* wiederholen können, garantiert das aber nicht. Denn der Platz in den Supermärkten ist so begrenzt wie die Zahl an Apfelsorten, die sich ein Konsument merken mag.

@ Ruth Fulterer, aus: DIE ZEIT Nr. 34/2020, 13. August 2020

© Calwer Verlag GmbH

Aufgabe:
Arbeiten Sie die Vor- und Nachteile des Anbaus von *Pink Lady* heraus.

M 1.4c Greenpeace Antiwerbung

So viel Werbung und doch nur ein Apfel

aus: greenpeace magazin, 19.02.2019. © Greenpeace Media, Hamburg

https://www.greenpeace-magazin.de/keine-anzeige/pink-lady

Aufgaben:

1. Erarbeiten Sie sich die Argumentation der Greenpeace-Kritik an *Pink Lady* (s. QR-Code) und überprüfen Sie die Argumentation von Greenpeace auf Konsistenz.
2. Recherchieren Sie im Internet weitere kritische Einsprüche gegen *Pink Lady*.

© Calwer Verlag GmbH

In den vergangenen 100 Jahren wurde die genetische Basis der heutigen Apfelzüchtung der marktgängigen Apfelsorten stark eingeengt. Sämtliche gegenwärtigen Apfelsorten stammen mal mehr und mal weniger von nur drei Ahnensorten ab. Hier handelt es sich um die Apfelsorten „Golden Delicious", „Cox Orange" und „Jonathan" (vgl. Abschlussbericht zum Projekt „Robuste Apfeltorten für den Ökologischen Obstbau und den Streuobstbau" 2021). Engt man eine Spezies genetisch ein, führt dies zu erhöhter Anfälligkeit gegenüber Krankheiten und Schädlingsbefall. Bei Pflanzenarten und deren Früchten insbesondere zu Pilzbefall (Apfelschorf und Mehltau). Im ökologischen Obstanbau führte diese Entwicklung zu vermehrten Pflanzenschutzbehandlungen. In anderen Worten: Es kam zu vermehrtem Einsatz von Pestiziden. Um die neuen Apfelsorten zu schützen, wurden u.a. kupferhaltige Mittel eingesetzt, deren Einsatz stark in der Diskussion steht (vgl. ebd.). Im oben zitierten Abschlussbericht ist die Rede von einem wenig nachhaltigen und ressourcenineffizienten Anbau und Bewirtschaftung im Obstanbau.

Um diesem Trend des ineffizienten Anbaus entgegenzuwirken, wurde als Möglichkeit zur Reduzierung bzw. bestenfalls zur Lösung der „Pflanzenschutzproblematik" der Fokus auf die Sortenwahl und -entwicklung gelegt. Es wurde das Ziel definiert, durch den Anbau robuster Sorten, den Kupfereinsatz drastisch zu senken. Die Sortenentwicklung wurde somit zum zentralen Bestandteil der Strategie zu „Kupfer als Pflanzenschutzmittel unter besonderer Berücksichtigung des Ökologischen Landbaus" (vgl. Journal für Kulturpflanzen 2009, S. 61). 2010 wurde diese neue Strategie zwischen den Bio-Verbänden und im Einvernehmen der zuständigen Behörde des Instituts für Züchtungsforschung (JKI) an Obst initiiert.
„Die Einführung von sogenannten schorfresistenten Sorten mit nur einem einzigen Resistenzgen hat dazu geführt, dass aufgrund der schmalen genetischen Basis auch diese Resistenz mittlerweile durchbrochen ist" (vgl. Abschlussbericht zum Projekt „Robuste Apfelsorten für den Ökologischen Obstbau und den Streuobstbau" 2021).

Mittlerweile ist es die Aufgabe, die allgemeine Robustheit von „alten" Hochstammsorten, die als positive Eigenschaft von Äpfeln zählt, mit den Potenzialen gegenwärtiger, moderner Apfelsorten künstlich (per Züchtung) zusammenzuführen. Dabei ist wesentlich, dass sowohl die ökologische Erzeugung und auch der Streuobstanbau künftig auf robuste Apfelsorten angewiesen sind. Dies liegt u.a. am Klimawandel und dem gestiegenen Bedarf an Lebensmitteln.

Um eine ressourcenschonende, effiziente sowie hochwertige pflanzliche Erzeugung zu unterstützen, sind daher nicht nur Ackerbaustrategie erforderlich, sondern auch das Innovationspotenzial in der Weiterentwicklung von leistungsfähigen Kulturpflanzen, die eine deutlich erhöhte Widerstandsfähigkeit gegen sogenannte biotische und abiotische Stressfaktoren gegenüber dem Klimawandel aufweisen, so die Bundeszentrale für Landwirtschaft und Ernährung. Weiter schreibt sie dahingehend, dass für bestimmte Regionen in Deutschland Klimavorhersagen vermehrte Hitzewellen, frühjährliche Trockenphasen und eine Verschiebung von Sommerniederschlägen in den Winter prognostiziert sind. Wiederum kommt es in anderen Regionen häufiger zu Starkniederschlägen und Überschwemmungen. D.h., für den Pflanzenanbau ergeben sich extreme Herausforderungen. Diese beziehen sich auf ökologische und ökonomische Veränderungen, wie „Wirt-Schadorganismus-Beziehungen oder Schwankungen in den Erträgen und der Qualität der Ernten" (Bundeszentrale für Landwirtschaft und Ernährung 2021).

2021 kam es so zu einem Förderaufruf der Bundeszentrale für Landwirtschaft und Ernährung im Zusammenhang der Züchtung von klimaangepassten Sorten und Kulturpflanzen, worunter auch Äpfel fallen. Im Förderaufruf heißt es: „Um den Pflanzenbau an zukünftige Klimabedingungen anzupassen, fördert das Bundesministerium für Ernährung und Landwirtschaft (BMEL) innovative Vorhaben, die zur Entwicklung widerstandsfähiger Kulturpflanzen beitragen" (vgl. ebd.).

Seit Oktober 2023 verkauft Aldi Süd „Aldiamo". „Aldiamo" ist die erste eigene Apfelsorte des Discounters. Beworben wird der Apfel „Aldiamo" in der Pressemitteilung zu den neuen Marken und Produkten 2023 mit eingängigen Eigenschaften wie: „leuchtend rot, knackig, saftig und ein frischer, süßlicher Geschmack" (vgl. Aldi Süd 2023). Das beigefügte Bild auf der Webseite verspricht ein leckeres Erlebnis.
Die neue Apfelsorte von Aldi Süd ist deutschen Ursprungs und wird vor Ort, in Norddeutschland, „im Alten Land", in der Nähe von Hamburg angebaut.

Wird ein neuer Apfel entwickelt, dauert dies in der Regel 20 bis 25 Jahre. Im Entwicklungsprozess sind mehrere Organisationen verflochten. Beteiligte setzen sich zum Ziel, den perfekten Apfel zu designen. In der Zielverwirklichung fließen die spezifischen Ansichten und fachlichen Kompetenzen ein, was den perfekten Apfel in seinem Wesen bestimmt.

© Calwer Verlag GmbH

Der Ausgangspunkt aller Entwickler und Entwicklerinnen sind dennoch divers. Während Unternehmen mutmaßlich das Produkt in Ertrag und Kapital steigern möchten, legen andere Wert auf resistente Sorten, die dem Klimawandel standhalten sollen, während andere, wiederum im Sinne der Wissenschaft, Neuerungen entwickeln. Selbst politische Ziele sind in dieses komplexe Geschehen verwoben.

Selbstverständlich sind Teilziele und Ergebnisse in der Sache identisch. Z.B. geht Resistenz vor klimatischen Einflüssen einer Apfelsorte mit gesteigertem Ertrag und Gewinn einher und sichert zudem die Ernährung von Menschen.

Übergeordnet verorten wir die gemeinsame Linie der Reflexion ethischer Grundprinzipien. Gemeinsam sind allen Vertretern und Vertreterinnen, die in eine Apfelzüchtung/-entwicklung einwirken, ihr Ethos und die dahinterstehende Philosophie, worin das Handeln gegründet ist. Das Ethos wirft somit immer ethische Fragestellungen auf, worin Verantwortung und deren Übernahme implementiert ist. Aufgabe der Verbrauchenden ist es zu prüfen, ob alle Beteiligten innerhalb ihrer Verantwortungsbereiche ethisch begründete Antworten geben können – und das in komplexen, wenig durchsichtigen Verflechtungen zwischen Unternehmenskultur/-strategie und -ausrichtung, staatlicher Förderung, Entwicklung und Züchtung, Anbau, Lieferung und Vermarktung bis zum Preis und Konsum.

© Calwer Verlag GmbH

Aufgaben:

1. Fassen Sie den Text zusammen.
2. Diskutieren Sie die unterschiedlichen Interessen der Beteiligten an einem Apfelzüchtungsprozess.
3. Bewerten Sie, inwiefern eine Apfelneuzüchtung sinnvoll und notwendig ist und begründen Sie Ihre Entscheidung in Ihrer Lerngruppe.
4. Halten Sie unterschiedliche Positionen an einer Wandtapete fest.

M 1.5 EKD-Text

Wir leben in einer globalisierten Welt. Das zeigt sich besonders in der Art, wie wir wirtschaften. Gerade in den letzten 30 Jahren hat sich die Produktion vieler Waren über die Grenzen von Ländern und Weltregionen hinaus verlagert, verlängert und verzweigt. Möglich wurde dies durch Erleichterungen im grenzüberschreitenden Handel, aber auch durch die Ausweitung von Transportkapazitäten und die Veränderungen der Kommunikationstechnologie.
Wir leben *in* einer globalisierten Welt, aber wir leben auch *von* dieser globalisierten Welt. Denn die weit verzweigten Liefer- und Wertschöpfungsketten haben sich meist entwickelt, um Standortvorteile zu sichern und Kosten zu senken. Sie haben so zwar auch Schwellen- und Entwicklungsländer verstärkt in Lieferketten einbezogen und ihnen damit ermöglicht, sich stärker am Welthandel zu beteiligen. Doch häufig bleibt dabei ökologische Vor- und Fürsorge oder die Einhaltung von Menschenrechten auf der Strecke.
Die Folgen der Corona-Pandemie führen uns zudem vor Augen, wie verwundbar diese globalisierten Produktionsformen und wie anfällig die eng getakteten, weltumspannenden Lieferketten sind. Auch wenn noch nicht ganz absehbar ist, wohin die Auswirkungen der Pandemie führen werden, wagt die vorliegende Schrift einen Ausblick und entwirft mögliche Szenarien für die zukünftige Gestalt des globalen Handels.
Wir tragen Verantwortung für die Art, wie wir wirtschaften. Das ergibt sich aus den biblischen Grundorientierungen und den daraus erwachsenden ethischen Überlegungen. Die Verantwortung liegt sowohl bei den Unternehmen und bei der Politik als auch bei den Verbraucherinnen und Verbrauchern. In einer globalisierten Welt kann sozial-ökologische und menschenrechtliche Verantwortung jedoch nicht an den Grenzen eines Landes enden. Sie muss sich entlang der gesamten Wirtschaftsbeziehungen und Lieferketten eines Produktes zeigen, von Entwurf und Design über Rohstoffgewinnung und -verarbeitung bis hin zu Produktion, Handel und Entsorgung.
Inzwischen ist kaum noch umstritten, dass dazu gesetzliche Regelungen notwendig sind, auf nationaler wie auf multilateraler Ebene. Umstritten ist aber, wie weit eine solche Regelung gehen soll und ob sie beispielsweise eine unternehmerische Haftung für Unrecht einschließt, das in einem anderen Land begangen wurde. Das vorliegende Impulspapier bringt die Position der evangelischen Kirche in diese Debatte ein und beschreibt die Linien für eine verantwortliche und für alle Unternehmen gleichermaßen bindende Regelung. Es zeigt aber auch auf, dass Gesetze nur eine Maßnahme unter mehreren darstellen. Weitere sollten hinzukommen, um Menschen entlang globaler Lieferketten ein Leben in Würde zu ermöglichen.
Mit der Veröffentlichung dieses EKD-Textes verbinde ich den Dank des Rates der EKD an die Mitglieder der Kammer für nachhaltige Entwicklung und an alle, die an diesem Vorhaben mitgewirkt haben. Möge er die Position der Evangelischen Kirche in Deutschland in die aktuelle Diskussion um Lieferkettengesetze eintragen, aber auch den Blick darüber hinaus weiten für die Frage, wie wir zukünftig in einer globalisierten Welt verantwortlich wirtschaften können.

Vorwort der Evangelischen Kirche in Deutschland (EKD) (2021): Dr. Heinrich Bedford-Strohm, Verantwortung in globalen Lieferketten. EKD-Texte 135.
© Evangelischen Kirche in Deutschland (EKD), Hannover

© Calwer Verlag GmbH

Aufgaben:

1. Erarbeiten Sie sich die argumentative Struktur des EKD-Textes und fassen Sie die Grundlinien mit eigenen Worten zusammen.
2. Recherchieren Sie die Vorteile des deutschen Lieferkettengesetzes, das seit 2023 gilt.
3. Vergleichen Sie Gesetzestext und die ethischen Grundlinien des EKD-Textes und erarbeiten Sie sich Gemeinsamkeiten und Unterschiede.
4. Neuester Stand des Lieferkettengesetzes: https://sustainabill.de/

M 1.6 Lieferkettengesetz im Kontext der Sustainable Development Goals (SDGs)

pixabay.com/Clker-Free-Vector-Images

Verantwortung kann in verschiedenen Bereichen übernommen werden. Das Lieferkettengesetz hat hierbei unter anderem die ökonomische Verantwortung im Blick. Laut dem Lieferkettengesetz nehmen „zu viele Unternehmen [...] den Unternehmensgewinn wichtiger als den Schutz von Mensch und Umwelt – auch deutsche Unternehmen [sind betroffen], wie die Fallbeispiele von Menschenrechtsverletzungen und Umweltschäden auf www.lieferkettengesetz.de“ (Lieferkettengesetz 2020, S. 1) zeigen. Viele Produkte und ihre Komponenten durchlaufen komplexe Lieferketten bis zur Fertigstellung. Ziel ist es, mögliche Menschenrechtsverletzungen oder Umweltprobleme aufzudecken.

Das Lieferkettengesetz ist eine Maßnahme zur Umsetzung der sogenannten Sustainable Development Goals, kurz: SDGs. Diese SDGs beinhalten insgesamt 17 Überziele, welche von den Vereinten Nationen bis 2030 erreicht werden sollen. Das Lieferkettengesetz fällt unter das achte Ziel, das unter anderem menschenwürdige Arbeit und Wirtschaftswachstum in den Blick nimmt.

https://lieferkettengesetz.de/wp-content/uploads/2019/09/Anforderungen-an-ein-wirksames-Lieferkettengesetz_Februar-2020.pdf

https://www.bundesregierung.de/breg-de/aktuelles/lieferkettengesetz-1872010

Aufgabe:

Benennen Sie die fünf Herausforderungen, die im Clip genannt werden. Nutzen Sie hierfür diesen QR-Code:

https://www.bmas.de/SharedDocs/Videos/DE/Artikel/Europa-und-die-Welt/regeln-zur-einhaltung-des-lieferkettengesetzes.html

© Calwer Verlag GmbH

M 1.7 Produktions- und Liefernetzwerk

© Calwer Verlag GmbH

Aufgaben:

1. Setzen Sie mit einem Mitschüler oder einer Mitschülerin aus den angebotenen Icons eine eigene Lieferkette eines Apfels vom Produzierenden bis hin zum Konsumierenden zusammen und ergänzen Sie diese mit weiteren Icons.
2. Tauschen Sie sich nach erstellter Lieferkette mit einer anderen Gruppe aus, vergleichen Sie die Lieferketten und ergänzen diese, beziehungsweise entwickeln sie weiter.
3. Vereinheitlichen Sie im Plenum die Lieferketten, sodass Sie ein gemeinsames Netzwerk erstellt haben.
4. Setzen Sie die Herausforderungen von **M 1.6** in Bezug zu der von Ihnen entwickelten Apfellieferkette und markieren Sie mögliche Stellen, an den die Herausforderungen zum Tragen kommen, rot.
5. Stellen Sie im Netzwerk der Lieferkette Beziehung heraus, z.B. zwischen Konsumierenden und Produzierenden. Welche möglichen Beziehungskonstellationen gibt es noch? Notieren Sie Ihre Ideen zur gegenseitigen Verantwortung.
6. Erstellen Sie eine Lieferkette eines *Pink-Lady*-Apfels und eines Apfels von einer heimischen Streuobstwiese. Vergleichen Sie die beiden Lieferketten.
7. Nutzen Sie für diesen Vergleich der Lieferketten zum Beispiel EDEKA-Informationen über regionalen Apfelanbau.

Grafik: Margarete Retzbach

Unterrichtseinheit 2:
Recherche

Ziel der zweiten Unterrichtseinheit ist es, die Produktions- und Anbaubedingungen der regionalen Apfelwirtschaft (z.B. Kaiserstuhlgebiet und Bodenseeregion u.a.) zu dekonstruieren und der Frage nachzugehen, ob regionale Produkte im Vergleich tatsächlich mehr punkten in Bezug auf Nachhaltigkeit, ökologischen Anbau und Vermarktung, Produktqualität etc. Nachzugehen ist der Frage, ob regionaler Anbau auch gleichzusetzen ist mit ökologischem Anbau bzw. mit den Kriterien der Nachhaltigkeit. Diese Aspekte erarbeiten sich die Schülerinnen und Schüler anhand von **M 2.1–M 2.1b**. In den Blick genommen werden dann aber nicht nur ökologische und regionale Faktoren, sondern auch neue Kriterien, die z.B. mit Arbeitsbedingungen oder ethischen Maßstäben zu tun haben. Diese Gesichtspunkte erarbeiten sich die Schülerinnen und Schüler durch die Bearbeitung von **M 2.1c**. Sozialethisch geht es dabei um sozialethische Einschätzung von Unternehmensethik, Arbeitsbedingungen für Mitarbeitende, wie Johannes Rehm betont: „Was ist im konkreten Fall ein gerechter Lohn? Was bedeutet menschliche Arbeit unter den Bedingungen von Industrie 4.0? Wie können Arbeit und Ruhe ein menschenverträgliches Maß bekommen? Wie sieht eine soziale Gesellschafts- und Wirtschaftsordnung aus? Wie steht es um die Gleichberechtigung von Mann und Frau sowie um die Vereinbarkeit von Familie und Beruf? Wie kann betriebliche Mitbestimmung praktiziert werden? Diese klassischen sozialethischen Fragestellungen sind von den kirchlichen Fachdiensten im Dialog mit Menschen in der Arbeitswelt und insbesondere in betrieblichen Kontexten zu bearbeiten. Vom Ansatz einer explorativen Ethik her zeigt sich, dass die Arbeitswelt allen Widersprüchen und allen Spannungen zum Trotz eine Welt mit ethischem Orientierungsbedarf ist, was sich darin ausdrückt, dass die Unternehmensethik in vielen Unternehmen einen hohen Stellenwert in Form von Leitbildern mit entsprechenden Fortbildungsangeboten für Mitarbeitende beansprucht.“[1] Neben Gerechtigkeit kommt das zweite Themenfeld dieser Unterrichtseinheit in den Blick: Verantwortung. Ursprünglich ging es bei diesem Begriff um einen juristischen Sachverhalt, sich z.B. vor Gericht zu verantworten.[2] Theologisch wurde der Begriff Verantwortung dann auf eine moralisch-eschatologische Verantwortung vor dem Gericht Gottes übertragen und letztendlich auf den gesamten Bereich der Ethik als Responsibilität (responsibility), was den Bereich zwischenmenschlicher Kommunikation und Beziehung betrifft. In aktuellen ethischen Diskursen geht es heutzutage um „Prävention zur Erhaltung positiver Zustände und Vermeidung negativer Effekte durch Verantwortungsbewusstsein; d.h. aus einer individuellen wird eine gesellschaftliche und strukturelle Dimension von Verantwortung.“[3]

1 Vgl. https://www.ethik-evangelisch.de/lexikon/ethik-der-arbeitswelt [Abruf 6.6.2024].
2 Vgl. zum Folgenden den Artikel Verantwortung, in: https://www.ethik-lexikon.de/stichwort/verantwortung [Abruf 6.6.2024].
3 https://www.ethik-lexikon.de/stichwort/verantwortung [Abruf 6.6.2024].

M 2.1 Obstanbau am Bodensee

pixabay.com/NoName_13

© Calwer Verlag GmbH

Die Deutschen beißen lieber in einen frischen, gesunden Apfel als in jedes andere Obst. Die Herkunft interessiert sie meistens nicht, Hauptsache billig und schön. Im Supermarkt dominieren Äpfel der Handelsklasse 1. Die Händler zahlen den Bauern dafür kaum über 40 Cent pro Kilo, da die Konkurrenz weltweit groß ist. Die Globalisierung belastet die rund 1400 Obstbauern am Bodensee. Niedrige Preise erfordern Masse, doch die Produktion makelloser Äpfel erfordert regelmäßiges, teures Spritzen. Die Auswirkungen sind nicht nur ungesund, sondern auch kostspielig. Neue Schädlinge und Krankheiten kommen aus aller Welt. Besonders gefürchtet ist das „Feuerbrand"-Bakterium, das ganze Obstplantagen zerstören kann. Der Klimawandel führt zu heftigen Hagelschlägen, gegen die sich nicht jeder landwirtschaftliche Betrieb mit Netzen schützen kann. Jedes Jahr geben etwa fünf Prozent der konventionellen Obstbauern auf. Bio-Kolleginnen und Kollegen haben zwar Kunden, die höhere Preise akzeptieren, sind jedoch genauso machtlos gegen Feuerbrand und weltweite Konkurrenz. Julia Seidl plante einen „schönen" Film über eine Apfelsaison am Bodensee, doch die Realität der Obstbauern ist wenig romantisch.

Schöne Äpfel um jeden Preis – Obstbauern am Bodensee / ARD Mediathek / BR Fernsehen 07.09.2014 (44 min.)
https://www.ardmediathek.de/video/unter-unserem-himmel/schoene-aepfel-um-jeden-preis-obstbauern-am-bodensee/br-fernsehen/Y3JpZDovL2JyLmRlL3ZpZGVvLzc4OGY4ZGFjLTlmMjktNGYxYS1hYmNkLTY3ZWQ0NjYyMmE0NQ

Aufgaben zum Film:

1. Sehen Sie sich im Klassenverband die Dokumentation „Obstbauern am Bodensee" an (siehe QR-Code).
2. Benennen Sie Herausforderungen, denen sich Obsterzeugende stellen müssen und nennen Sie, wie diesen Herausforderungen begegnet wird.
3. Vergleichen Sie die Arbeit in einer biologischen Obstanbaufläche und in einer konventionell bewirtschafteten Obstanbaufläche.
4. Nehmen Sie Stellung zu der Aussage, der Platz im Supermarkt sei so begrenzt wie die Anzahl der angebotenen Apfelsorten.

Recherche im Supermarkt

pixabay.com/ElasticComputeFarm

Welche Apfelsorten werden angeboten?

Woher kommen die Äpfel?

Notieren Sie die jeweiligen Preise pro Kilo.

In der Gesamtgruppe:

Vergleichen Sie Ihre Ergebnisse mit der Recherche auf dem Wochenmarkt unter z.B. folgenden Aspekten: „Vergleich von Apfelsaftsorten“ etc. und entwickeln Sie weitere Vergleichspunkte.

© Calwer Verlag GmbH

© Calwer Verlag GmbH

Recherche auf dem Wochenmarkt

pixabay.com/fietzfotos

Welche Apfelsorten werden angeboten?

Woher kommen die Äpfel?

Notieren Sie die jeweiligen Preise pro Kilo.

In der Gesamtgruppe:

Vergleichen Sie Ihre Ergebnisse mit der Recherche im Supermarkt unter z.B. folgenden Aspekten: „Vergleich von Apfelsaftsorten“ etc. und entwickeln Sie weitere Vergleichspunkte.

M 2.1c Apfelsafterzeugende

Marketing
„Heute hat der Käufer in der Regel eine deutlich größere Macht; er kann aus dem überreichen Angebot auswählen. Um in einem Käufermarkt bestehen zu können, war somit eine Neuorientierung der Unternehmenspolitik notwendig. Der Engpass liegt nun für (kommerzielle) Unternehmen weniger in der Produktion, sondern in der Nachfrage. Dies erfordert eine konsequente Kundenorientierung. Marketing bedeutet im Idealfall, dass die Bedürfnisse der Kunden in den Mittelpunkt möglichst aller unternehmerischen Entscheidungen und Aktivitäten gestellt werden. [...] Marketing ist also mehr als die populäre, aber fälschliche Vorstellung von Absatzwerbung und Vertrieb. Es ist ein Gesamtkonzept." (Holland 2016, S. 966)

Lege packt aus: Softe Drinks, harte Wahrheiten / ZDFinfo Doku 05.08.2021 (44 min.) – Video verfügbar bis 28.06.2026
https://www.zdf.de/dokumentation/zdfinfo-doku/lebensmitteltricks-lege-packt-aus--softe--drinks-harte-wahrheiten-100.html

Aufgaben:

1. Scannen Sie die jeweiligen QR-Codes in den Apfel-Grafiken ein und lesen Sie den sich öffnenden Text.
2. Analysieren Sie die Websites der angeführten Apfelsaftherstellenden und markieren Sie gängige Leitbegriffe der Marketingstrategie.
3. Vergleichen Sie die Präsentation der verschiedenen Herstellenden auf Nachhaltigkeit, Verantwortung, Arbeitsbedingungen und bewerten Sie kritisch die Darstellung.
4. Überprüfen Sie den Realitätsgehalt der verwendeten Begriffe und unterscheiden Sie Versprechen, Wunschvorstellungen und die tatsächliche Wirkung des Fruchtsaftgenusses aus Ihrer eigenen Konsumerfahrung.
5. Gleichen Sie die Versprechen der Herstellenden mit ethisch-theologischen Leitbegriffen wie Verantwortung, Nachhaltigkeit und Schöpfung ab.
6. Informieren Sie sich mit Hilfe des Clips „Lege packt aus: Softe Drinks, harte Wahrheiten" zu den Praktiken von Smoothie-Herstellern und setzen Sie die Praktiken mit dem Begriff der Verantwortung in Beziehung.

© Calwer Verlag GmbH

Unterrichtseinheit 3: Apfelanbau global

Lieferländer für die in Deutschland angebotenen Äpfel sind, wie das Bundesministerium für Landwirtschaft und Ernährung (2021) hinweist, unter anderem Neuseeland, Chile oder Südafrika. Diese ökonomische Globalisierung, also „den grenzüberschreitenden Handel von Waren […] auf global vernetzte Produktionsabläufe und Wertschöpfungsketten" (Simojoki 2022, S. 224), bringt zahlreiche weitere Aspekte in die Bearbeitung des vorliegenden Themas. Beispielsweise wird hieran deutlich, dass die in der Einleitung formulierten Herausforderungen der Welternährung (Klimawandel und Ozeanversauerung, Landnutzungswandel, Süßwassermangel und gestörter Stickstoff- und Phosphorkreislauf) sich in die zu erschließenden Unterscheidungen von verschiedenen Formen von Verantwortung einbetten lassen. In dieser Sequenz ist daher unter anderem die globale Verantwortung im Hinblick auf den Konsum von Äpfeln Fokus. Des Weiteren liegt ein Augenmerk auf der Vergeudung von Lebensmitteln, also der Tatsache, dass wir „das was jeder Mensch so nötig braucht, […] sinnlos vernichtet [wird]. Das, was Leib und Seele zusammenhält, wird achtlos beseitigt" (Huber 2013, S. 72).

Ziel der dritten Unterrichtseinheit ist es, dass die Schülerinnen und Schüler auf globale Apfelanbaugebiete aufmerksam werden und diese benennen können. Hierfür markieren sie die in **M 3.1a** genannten Apfelanbaugebiete auf einer Weltkarte.

Anschließend können die Lernenden mit Hilfe von **M 3.1b** die Faktoren, welche die Ökobilanz beim Apfel beeinflussen, nennen und können auf Grundlage des Erarbeiteten eine erste Konsequenz für den Konsum von Äpfeln ableiten.

Im Anschluss lernen die Schülerinnen und Schüler die Dimensionen der Lebensmittelverschwendung kennen und können die Forderung gegen diese in groben Zügen mit Hilfe von selbst entworfenen Symbolen wiedergeben (**M 3.2a**).

Daran anschließend erarbeiten sich die Schülerinnen und Schüler per **M 3.2c** in Gruppenarbeit verschiedene Initiativen und Möglichkeiten, welche sich gegen die Verwendung von Lebensmitteln einsetzen und stellen sich diese gegenseitig im Plenum vor. Diese Sequenz wird anschließend durch die Bearbeitung von **M 3.2d** und dem dazugehörigen Lied von Alligatoah „Lass liegen" komplettiert.

Darauf folgen die Erarbeitung der Faktoren, die zu Hunger und Mangelernährung führen, sowie die Erarbeitung von Änderungsvorschlägen. Daraufhin gestalten die Schülerinnen und Schüler ausgehend von ihren Ergebnissen ein Hunger-Fastentuch **M 3.2b**, welches sie entweder mit einer Erklärung für die Schulgemeinschaft zugänglich machen oder an einen selbst gewählten Konzern mit Erklärung und Begleitbrief senden.

Abschließend arbeiten die Schülerinnen und Schüler unter Zuhilfenahme eines Clips des Hilfswerks *Brot für die Welt* die Herausforderung der Welternährung, welche mit einer ungleichen Verteilung einhergeht, heraus (**M 3.3a** und **M 3.3b**).

M 3.1a Globalisierung

Durch den Kauf von z.B. Äpfeln sind die Konsumierenden in Europa verbunden mit Produzierenden im globalen Süden, z.B. schlagen sich „in den Preisen für diese Waren [...] auch die Lebens- und Arbeitsbedingungen in ihren Herkunftsländern nieder" (Huber 2013, S. 126).

Der Apfel ist das in Deutschland beliebteste Obst. Der Pro-Kopf-Verbrauch (inklusive Verarbeitungserzeugnisse) betrug 2019/20 laut Bundesinformationszentrum Landwirtschaft (BZL) 21,9 Kilogramm. Die Hauptanbaugebiete der heimischen Erzeugung sind: Bodenseeregion, Altes Land, Borthen, Rheinland, Werder. In den Monaten September bis März wird das Angebot an deutschen Äpfeln vor allem aus Italien, den Niederlanden, Frankreich, Polen, Belgien, Österreich, Spanien und Tschechien ergänzt. Im Frühjahr und in den Sommermonaten liefern Chile, Neuseeland, Südafrika und Argentinien neuerntige Ware.

„**Globalisierung** ist ein komplexer Vorgang mit vielen Gesichtern, der alle Lebensbereiche durchdringt, zu einer auch im Alltag erfahrbaren Wirklichkeit geworden ist und vor gewaltige Herausforderungen stellt. Unter ökonomischen Gesichtspunkten wird die Globalisierung zumeist mit dem dynamischen Wachstum des grenzüberschreitenden Handels identifiziert. Jedoch ist hier vor einer undifferenzierten Betrachtungsweise zu warnen: Global in dem Sinne, dass die gleichen Anbieter überall auf der Welt miteinander um Kunden konkurrieren, sind nur wenige Gütermärkte" (Hübner 2016, S. 635).

Grafik (Notizzettel): pixabay.com/Buecherwurm_65

© Calwer Verlag GmbH

Das Lexikon der Wirtschaft: Globalisierung / Bundeszentrale für politische Bildung / bpb.de
https://www.bpb.de/kurz-knapp/lexika/lexikon-der-wirtschaft/19533/globalisierung/

Aufgaben:

1. Formulieren Sie einen Lexikonartikel zum Begriff *Globalisierung* und beziehen Sie den Apfelanbau mit ein. Hierfür finden Sie per QR-Code weitere Informationen zu Globalisierung.
2. Markieren Sie die genannten Anbaugebiete auf einer Weltkarte.

M 3.1b Was ist besser für die Umwelt: Bodensee- oder Neuseelandapfel?

„Auf den ersten Blick scheint der Fall keiner Rede wert: Äpfel aus der Region MÜSSEN ja eine bessere Ökobilanz haben als Äpfel aus Übersee. Die Äpfel vom anderen Ende der Welt sind schließlich tausende von Kilometern unterwegs und eine Faustregel gilt nach wie vor: Je länger und aufwendiger ein Produkt transportiert werden muss, desto schlechter wirkt sich das unterm Strich auf den ökologischen Fußabdruck der Produkte aus.

Der Apfel vom Bodensee kann, aber muss keine bessere Ökobilanz haben als der aus Übersee.

Wir Verbraucherinnen und Verbraucher wollen immer knackiges und ‚frisches' Obst. Zu jeder Zeit. Auch im April oder Mai, wenn es nun mal in Deutschland eigentlich keine reifen Äpfel gibt [...] Weit weg, in Neuseeland oder Chile, ist oder war dagegen gerade Erntesaison. Auf riesigen Apfelplantagen wird das Obst abgeerntet und mit Containerschiffen nach Europa gebracht. Und tatsächlich – auch wenn es unglaublich scheint – können Äpfel aus Neuseeland oder Chile um die halbe Welt verschifft werden und sind trotzdem für weniger Treibhausgase verantwortlich als ein Apfel, der zur gleichen Jahreszeit vom Bodensee kommt. Aber eben nur unter bestimmten Umständen und wenn alle Details stimmen.

Was Saison hat, ist nachhaltig

[...] Vom Winter bis ins Frühjahr sieht das etwas anders aus. Hier in Deutschland müssen Gewächshäuser beheizt oder auch Äpfel über Monate gelagert und gekühlt werden. Das bindet natürlich enorm viel Energie, während anderswo auf der Welt die Sonne scheint und Obst und Gemüse ganz natürlich wachsen kann.

Neuseeländische Äpfel, die Ende März gepflückt werden, sind beispielsweise vier Wochen lang mit dem Containerschiff unterwegs und liegen Ende April im deutschen Laden. Selbst bei geernteten deutschen Äpfeln, die im Oktober gepflückt und dann für einige Monate speziell gelagert werden müssen, ist der Energieverbrauch am Ende nur gut ein Viertel höher als bei den Äpfeln aus Übersee. Werden noch Folien, Gewächshäuser und Heizgeräte verwendet, kippt die Umweltbilanz leicht und macht die Äpfel aus Übersee sogar ‚umweltfreundlicher'. Eine dauerhafte Kühlung von 1 Grad Celsius der deutschen Äpfel und der weitgehende Entzug von Sauerstoff, um den Reifeprozess extrem zu verlangsamen, wirken sich natürlich irgendwann sehr negativ auf die CO_2-Bilanz aus."

https://www.br.de/radio/bayern1/inhalt/experten-tipps/umweltkommissar/umwelt-apfel-regional-neuseeland-100.html – gekürzte Fassung

© Calwer Verlag GmbH

© DOERS / shutterstock.com

Aufgaben:

1. Arbeiten Sie die Faktoren, die die Ökobilanz beeinflussen, heraus.
2. Zeigen Sie Konsequenzen für den Apfelkonsum unter Einbezug des Textes auf.

M 3.2a Massenproduktion für alle vs. Überproduktion für wenige

Die Dimension der Verschwendung

„In den deutschen Privathaushalten werden jährlich pro Kopf 81,6 Kilogramm Lebensmittel weggeworfen. Um diese Menge zu erzeugen, wäre eine Anbaufläche von ungefähr 2,4 Millionen Hektar notwendig, die Fläche Mecklenburg-Vorpommerns. Weitere 56 Kilogramm Lebensmittel pro Kopf und Jahr gehen bei Industrie, Handel und Großverbrauchern verloren. Genauere Untersuchungen, welche Menge an Anbauprodukten vernichtet werden, weil sie nicht die Eigenschaften haben, die die Industrie benötigt oder die die Verbraucherinnen und Verbraucher schön finden, stehen noch aus. Aber Umfragen bei Landwirten und der Lebensmittelbranche deuten darauf hin, dass jeder zweite Salatkopf und jede zweite Kartoffel auf dem Acker bleiben, und jedes fünfte Brot im Müll landet statt auf dem Tisch. [...]

Der Begriff **Nachhaltigkeit** wurde in den letzten Jahren inflationär verwendet. „Vor fast 250 Jahren avancierte es zum Leitbegriff des deutschen Forstwesens. Es bezeichnet seitdem die Verpflichtung der Forstwirtschaft, Reserven für künftige Generationen nachzuhalten" (Grober 2013, S. 20). In anderen Worten bedeutet dies: „nicht mehr Holz fällen als nachwächst. So erklären Forstleute seit 300 Jahren ihren, den klassischen Begriff der Nachhaltigkeit. Damit versucht man heute auch das erweiterte und erneuerte Konzept anschaulich zu machen" (Grober 2013, S. 21).

Grafik (Notizzettel): pixabay.com/Buecherwurm_65

Weniger Verschwendung = weniger Hunger?

Die Agrarproduktion in den Entwicklungsländern trägt mit dazu bei, dass bei uns die Regale und die Teller gut gefüllt sind. Ungefähr 20 Prozent unserer Lebensmittel kommen aus den Entwicklungsländern. Daher könnte durchaus ein Zusammenhang zwischen der Verschwendung von Lebensmitteln bei uns und der Hungersituation in den armen Ländern hergestellt werden. Wird also weniger gehungert, wenn wir weniger Lebensmittel verschwenden?
Aus Sicht von ‚Brot für die Welt' gibt es hier keinen Automatismus. Die Ursachen von Hunger sind sehr vielseitig und unterscheiden sich von Land zu Land. Die Hungersituation kann sogar innerhalb der von Hunger betroffenen Regionen sehr unterschiedlich sein. Selbst innerhalb der Familien und zwischen den Geschlechtern gibt es enorme Ungerechtigkeiten. Global gesehen leben von den rund 800 Millionen Hungernden ein Drittel in den Städten und zwei Drittel auf dem Land.

Für sie ist es vor allem wichtig, dass sie

- gesicherten Zugang zu ausreichend fruchtbarem Land und anderen natürlichen Ressourcen haben,
- Zugang zu Krediten und Betriebsmitteln wie Saatgut und Dünger haben,
- ihre Produkte besser lagern und verarbeiten können und Absatzmärkte dafür vorhanden sind,
- ihre Märkte vor Billigangeboten und -importen schützen können,
- Arbeitsplätze im ländlichen Raum zur Verfügung haben und dort ein ausreichendes Einkommen erwirtschaften können,
- über soziale Sicherungssysteme verbesserte Existenzbedingungen bekommen und
- nachhaltige Anbaumethoden in der Landwirtschaft praktizieren können."

© Brot für die Welt

Aufgaben:

1. Fassen Sie die Dimensionen der Lebensmittelverschwendung in Stichpunkten zusammen.
2. Entwerfen Sie arbeitsteilig Symbole für die von „Brot für die Welt" formulierte Forderung zur Veränderung der Faktoren, die zu Hunger führen können.

© Calwer Verlag GmbH

M 3.2b Hunger-Fastentuch

Grafik (Vorhang): pixabay.com/susannp4

Hunger-Fastentuch
Die Hungertuch-Idee entstammt einem alten, kirchlichen Brauch, der bis vor das Jahr 1000 n.Chr. zurückgeht. Die Tücher zeigten Bildmotive aus der Heilsgeschichte des Alten und Neuen Testaments. Einerseits verdeckten sie das heilige Geschehen am Altar, andererseits erzählten sie die biblischen Geschichten von der Schöpfung bis zur Wiederkunft Christi und stellten so als „Armenbibel" der des Lesens meist unkundigen Gemeinde die Heilsgeschichte in Bildern vor Augen.
Das bischöfliche Hilfswerk MISEREOR hat 1976 die Tradition der Hungertücher wieder aufgegriffen und ihr eine weltweite Resonanz verschafft. Alle zwei Jahre wird ein neues Bild von engagierten Künstlerinnen und Künstlern aus Afrika, Lateinamerika und Asien gestaltet und ermöglicht Einsichten in das Leben und den Glauben von Menschen uns fremder Kulturen. Die modernen Bilder laden, ganz in der Tradition der mittelalterlichen Tücher, zur Betrachtung des Leidens Christi ein.

Ausschnitt Begleitheft „Auf Tuchfühlung" zu den Misereor-Hungertuch-Ausstellungen
© MVG Medienproduktion, 2019

© Calwer Verlag GmbH

Aufgaben:
1. Gestalten Sie ausgehend von Ihren Symbolen von **M 3.2a** ein Hunger- oder Fastentuch und gestalten Sie hierzu eine Andacht oder eine Plakataktion für Ihre Schulgemeinschaft.
2. Entwerfen Sie eine Erklärung zu Ihrem Hungertuch als Symbol des Fastens und des Verzichts und schreiben Sie einen Brief an ausgewählte Apfelsaftherstellende mit folgenden Fragen:
   - Unter welchen Bedingungen sind die Konzerne bereit, auf Gewinn zu verzichten?
   - Wie könnte ein Teil des Gewinns unter dem Aspekt Nachhaltigkeit, Verbesserung der Biodiversität, Verbesserung der Bezahlung von Mitarbeitenden eingesetzt werden?
3. Werten Sie die Antworten der Konzerne aus.

M 3.2c Verschwendung von Lebensmitteln

Grafik (Mülltonnen): pixabay.com/Clker-Free-Vector-Images

© Calwer Verlag GmbH

Aufgaben:

1. Benennen Sie Gründe für die Verschwendung von Lebensmitteln und stellen Sie diese in einer Mindmap dar.
2. Erschließen Sie sich in Gruppenarbeit jeweils ein Projekt (siehe QR-Codes) und stellen Sie sich Ihre Ergebnisse im Plenum gegenseitig vor.
3. Benennen Sie Möglichkeiten, wie Lebensmittelverschwendung reduziert werden kann und entwickeln Sie hierzu einen Flyer.
4. Entwickeln Sie auf Grundlage Ihrer bisherigen Ergebnisse per Bookcreator oder mit einer ähnlichen Software eine Handreichung für weniger Verschwendung von Äpfeln – z.B. Rezepte.

M 3.2d Alligatoah – Lass liegen

Strophe 2:
Bei so billigem Zeug ist es nicht nötig meinen Kram zu schleppen
Nach meinem Picknick mit Fritteusen und Massagesesseln
Man kann mich durch die Spur von leeren Plastikhüllen orten
Sie führt zum Mediamarkt, ich kaufe den Müll von morgen
Und lass' ihn liegen, weil ich lieber in das Beachhotel geh'
Guck mal, Jutta, da schwimmt unsre alte Mikrowelle
Auch wenn wir sonst die Urlaubsreise klasse finden
Sollte man hier nicht das Leitungswasser trinken
Die Einheimischen strahlen, hier nur haben sie die Hände an den Rippen
Husten endlos lang und zittern, andre Länder, andre Sitten
Langsam brauch' ich, auch wenn Umwelt leidet um den Preis zu retten
Dringend neue Gummistiefel, denn die Deiche brechen

Refrain:
Fällt das Porzellan in den Sand und verdreckt
Lass liegen, lass liegen
Wenn dir der geröstete Panda nicht schmeckt
Lass liegen, lass liegen
Ich wurde heute Morgen von 'nem Panzer geweckt
Lass liegen, lass liegen, lass liegen, lass liegen bleiben
Drunter lag ein Mann, der seine Hand nach uns streckt
Doch wir haben keinen Platz zu bieten, lass liegen (lass liegen, lass liegen)
La-lass liegen (lass liegen, lass liegen)
Lass liegen

Wie ein Boom-, Boom-, Boom-, Boomerang
Ruf' ich in den Wald aber vergess', dass der auch rufen kann
Wie ein Boom-, Boom-, Boom-, Boomerang
Ich werfe gerne weg, aber ich hab' noch niemals gut gefangen
Wie ein Boom-, Boom-, Boom-, Boomerang
Ruf' ich in den Wald aber vergess', dass der auch rufen kann
Wie ein Boom-, Boom-, Boom-, Boomerang
Ich werfe gerne weg, aber ich hab' noch niemals gut gefangen
Wie ein Boomerang

https://alligatoah.de/
© alligatoah

Alligatoah – Lass liegen (Official Video)
https://www.youtube.com/watch?v=stYO0zpvJ0s

© Calwer Verlag GmbH

Aufgaben:
1. Alligatoah treibt den Umgang mit Gegenständen, aber auch Lebensmitteln, auf die Spitze. Entwerfen Sie zu dem Lied, per z.B. Sketchnotes, eine Zusammenfassung des Textes.
2. Vergleichen Sie den Liedtext mit den Ergebnissen von **M 3.2c** zum Thema Verschwendung von Lebensmitteln.
3. Nehmen Sie Stellung zu der Aussage „Ich werfe gerne weg, aber ich hab' noch niemals gut gefangen" von Alligatoah.
4. Eignen Sie sich Informationen zur Verschmutzung der Weltmeere durch Plastikmüll an (Arte, ARD, ZDF).

M 3.3a Welternährung / Verteilung – fair teilen

Zunächst ist mit Blick auf die Probleme der Welternährung festzuhalten, dass „das Ausmaß des Hungers in der Welt […] ein moralischer Skandal [ist], denn das Recht auf Nahrung gehört zu den Menschenrechten" (Huber 2013, S. 73). Zudem „ist Hunger global kein Mengenproblem, sondern ein Problem falscher Verteilung und mangelnder Kaufkraft" (Bederna 2022, S. 137). Denn „auf der Erde werden genug Nahrungsmittel hergestellt; pro Kopf der Weltbevölkerung entspricht die derzeitige landwirtschaftliche Produktion pro Tag 46000 Kalorien. Das könnte theoretisch sogar für 14,5 Milliarden Menschen reichen" (Huber 2013, S. 74).
Doch welche konkreten Faktoren führen zu Hunger und Mangelernährung? Sehen Sie sich hierzu den Clip von „Brot für die Welt" an.

Kurz erklärt:
Hunger und Mangelernährung weltweit/
Brot für die Welt (3.10 min.)

© Gute Botschafter GmbH, Haltern am See

© Calwer Verlag GmbH

Aufgaben:

1. Nennen Sie die im Clip dargelegten Faktoren, die zu Hunger und Mangelernährung führen und die vorgeschlagenen Änderungen (**M 3.3b**).
2. Setzen Sie Ihre gewonnen Ergebnisse in Beziehung zu dem hier abgebildeten Plakat.
3. Gestalten Sie zu den auf dem Plakat sichtbaren Wortspielen „fairgeben, fairsorgen und fairteilen" eine Collage und entwickeln Sie weitere Wortspiele.
4. Weiterführende Aufgabe: Was könnte die Bedeutung „Gottes Spielregeln für eine gerechte Welt" sein? (siehe Plakat von „Brot für die Welt").

M 3.3b Faktoren, die zu Hunger und Mangelernährung führen

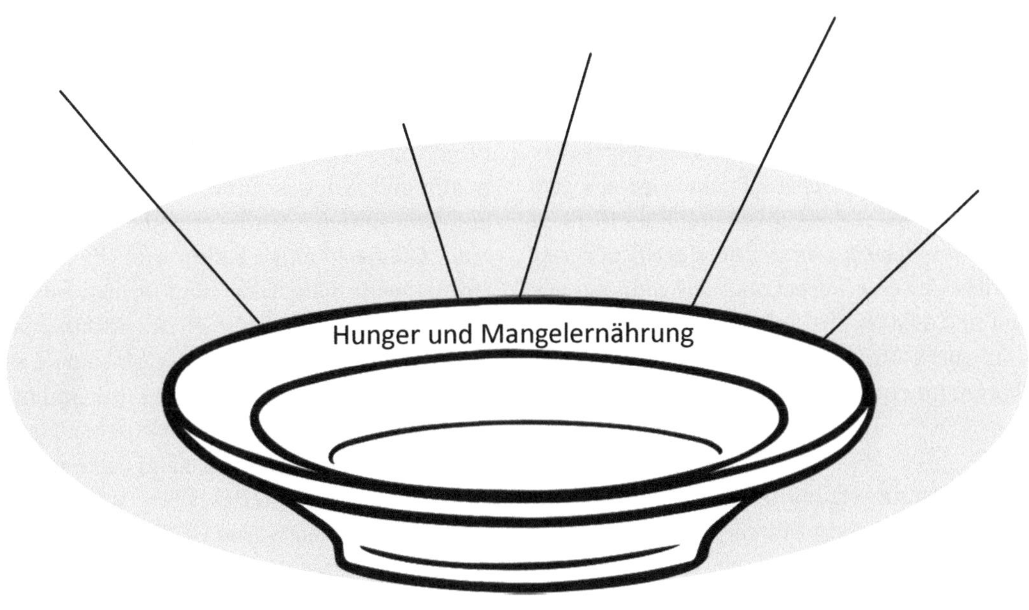

© Calwer Verlag GmbH

Vorgeschlagene Änderungen:

____

____

____

____

____

____

____

Grafik: pixabay.com/OpenClipart-Vectors

Unterrichtseinheit 4: Individual- und Verantwortungsethik

Der Begriff Verantwortung ist in den Kompetenzen verankert und beinhaltet die Verpflichtung, eine Antwort zu geben. „Im Begriff Verantwortung ist das Antwortgeben auf ein Gegenüber enthalten. Das Subjekt wird aus sich herausgerufen und auf seine Zeitlichkeit und Räumlichkeit behaftet. Der so entwickelte moralische Begriff der Verantwortung macht auf eine Vernetzung des Individuums mit seiner Zeit und seinem Ort aufmerksam. Verantwortung ist ein Antworten auf die Umgebung, in die man als handelndes Wesen hineinwächst" (Gräb-Schmidt 2015, S. 674).

Wer trägt also die Verantwortung für den Apfel? Werden alle Beteiligten, die an der strukturellen Verkettung des Apfels beteiligt sind, nach Antworten gefragt? So beginnt die ethisch moralische Urteilsfindung für soziale Nachhaltigkeit unserer Lebensmittel. Personen werden so für ihr Handeln verantwortlich gemacht. So heißt das für Schülerinnen und Schüler und deren ethisch und moralische Kompetenz, dass von ihnen heute wie künftig erwartet und vorausgesetzt wird, vernünftig auf diese Fragen antworten zu können, warum sie so und nicht anders gehandelt haben oder handeln würden. Diese Frage sollte sich grundsätzlich jeder Mensch stellen, der gerne Äpfel isst, allerdings die menschenrechtliche sowie umweltbezogene Sorgfalt – nicht bewusst – außer Acht lässt. Insofern sind Schülerinnen und Schüler in diesen Kompetenzen zu sensibilisieren, damit sie diese Handlungen nicht billigen, wenn sie sehen und wahrnehmen, dass diese keiner vernünftigen menschenrechtlichen und klimaneutralen Rechtfertigung dienen; d.h., im positiven Umkehrschluss, Begründungen, Einsichten und Nachvollziehbarkeit sind ausschließlich vernunftrechtlicher Natur und im Horizont der Menschenrechte und der Gerechtigkeit zu reflektieren.

Sensibilisierung

Verantwortung zu übernehmen führt uns zwangsläufig zur Reflexion von ethischen Maßstäben. Und diese Reflexion wiederum bringt uns dazu, Verantwortung zu übernehmen. Wir sind daher unweigerlich in der Pflicht, dass wir unser Handeln begründen und kommunizieren können. Gerade in Fragen um die Zukunft einer gerechten und verantwortlichen Welt in Bezug von Anbauweisen und Ernährung treffen wir als Menschen Entscheidungen, was richtig und falsch ist. Eine Trennung von Produzierenden und Konsumierenden ist metatheoretisch bereits irreführend. Die nachhaltige Kultur und Umgangsweise der uns anvertrauten Schöpfung liegt in unseren Händen als Familie „Mensch". Im Rahmen des Sachthemas „Verantwortung und Gerechtigkeit in der globalen Landwirtschaft" ist die Auseinandersetzung mit Ethik und Moral unerlässlich. Durch die Kenntnis von ethischen Handlungsmodellen und die Möglichkeit, anhand derer sein Verhalten und seine Handlung zu reflektieren, können die essentiellen Grundfragen beantwortet werden. Was sollen wir tun, was dürfen wir hoffen, was sollen wir wissen, wenn uns globale Ereignisse und Folgen um den Apfelanbau bewusst sind?

Entsprechend näherten sich die Lernenden durch umfangreiches Sachwissen dem weit verzweigten Themenkomplex des Apfels. Sämtliche Arbeitsaufträge und Themenkomplexe vernetzen und führen in Felder wie Ökologie, Menschenrechte, Verantwortung und Zukunft. Implizit ist diesen Themenkomplexen, wie erwähnt, die Ethik. Um die Sachthemen zu beurteilen, ist es daher notwendig, dass die Lernenden hierzu Kompetenzen erwerben. Die Kompetenzen sind ethische und moralische. Diese zielen auf die Fähigkeit, Probleme, Konflikte und Dilemmata auf der Grundlage von moralischen Prinzipien zu lösen. Hierbei ist es wesentlich, dass die Lernenden sich ein eigenes Urteil bilden, und nicht durch Fremdanschauungen u.a. durch Lehrende instrumentalisiert werden. Um moralische Urteile zu bilden, ist die Auseinandersetzung mit der Fachdisziplin der Ethik unerlässlich. Sie dient zum methodischen und logischen Nachdenken über moralische Handlungen und stellt Modelle zur Reflexion und Begründbarkeit zur Verfügung.

In den folgenden Unterrichtseinheiten wird in drei Modelle eingeführt. Ein deontologisches Ethikmodell (Pflichtethik) und zwei teleologische Ethikmodelle (Utilitarismus und Hedonismus) werden von den Lernenden bearbeitet.

Hintergrund dieser Auswahl der Ethikmodelle und Herangehensweise ist es, die Gegensätzlichkeit zwischen Handlungen aufzuzeigen, wenn zwischen Erforderlichem und Pflicht und Nützlichkeit und Konsequenzen argumentiert wird. Das Urteil ist je nach Standpunkt entscheidend für die Art von Antwort und Handlung, wenn das Thema der gesamten Unterrichtseinheiten um den Apfel ethisch und verantwortlich reflektiert wird. Die Frage und Antwort nach Gerechtigkeit und Verantwortung kann demnach unterschiedlich beantwortet werden und ausfallen. Die Lernenden beschäftigen sich mit der Herleitung und Erklärbarkeit dieser Frage, was nun zu tun ist.

M 4.1 Schlag nach bei Kant

Eine Grundfrage, die Immanuel Kant in seiner Ethik beantwortet, ist die nach sittlichen und pflichtbewussten moralischen Handlungsweisen. Sittliche und pflichtbewusste Handlungen unterscheiden sich, nach Immanuel Kant, von sämtlichen anderen.
„Sittliche Handlungen sind entweder gut oder böse. Sämtliche anderen Handlungen dagegen sind nützlich oder schädlich, angenehm oder widerwärtig, sie dienen alle dem Glück. Sittlichkeit sorgt dafür, dass man dieses Glück auch verdiene, dass man auch wenn man im Unglück wäre, des Glückes wert und würdig sei“ (vgl. Friedländer 2004).
So ist Sittlichkeit nicht dasselbe wie Nützlichkeit. Denn Nützlichkeit ist nur unter gewissen Bedingungen nützlich. Z.B., wenn Monokultur im Apfelanbau dazu dient, mehr und größere Äpfel anzubauen. Oder den Geschmack zu verändern. Ähnlich steht es mit der Schädlichkeit. So ist z.B. der entstehende Schaden durch Monokultur kalkulierbar und steht scheinbar nicht im Verhältnis zum Ertrag und Gewinn.
Entscheidendes Unterscheidungsmerkmal hinsichtlich der Urteilsqualität zwischen der Pflichtethik und der Nützlichkeitsethik ist das Gute und Böse einer Handlung, also die Sittlichkeit. Entsprechend kann hier festgehalten werden: Der Begriff Sittlichkeit steht in Beziehung mit der Abwägung zwischen Gut und Böse und bezeichnet so die Handlungsweise. Sittliche, pflichtbewusste Handlungsweisen sind also unter allen Umständen immer gut oder böse. So ist ein sittliches Gebot z.B. „Du sollst nicht lügen“ oder „Du sollst nicht morden“. Diese Regeln gelten ausnahmslos unbedingt. Im Umkehrschluss heißt das, alles was du sagst, soll wahr sein, auch wenn es dir schadet und nicht deinen Bedürfnissen dient.
So zu handeln, entspricht der Pflicht. Die Pflicht zielt hier auf das Erforderliche ab, eben das, was von Anfang an gesollt ist. Die Abwägung der Konsequenz aus einer Handlung ist dabei nicht entscheidend. Das wird insbesondere in der Pflicht, nicht zu töten, deutlich.
Nun sind Gebote wie „Du sollst nicht lügen“ Grundsätze, die bereits voraussetzen, wie etwas sein soll und woran du dich halten musst. Diese Grundsätze sind Maximen, innere allgemein verbindliche Regeln, die für alle Menschen gleichermaßen zählen.
Immanuel Kant formulierte deshalb den Kategorischen Imperativ, der erstmal keine bestimmte Handlungsabsicht beschreibt: „Handle nur nach derjenigen Maxime, durch die du zugleich wollen kannst, dass sie ein allgemeines Gesetz werde.“
Diese zwingend bindende Weisung gibt eine allgemeine individuelle Handlungsbewertung vor, nach der du zwischen Gut und Böse, Grundsätze und Situationen analysieren, reflektieren und beurteilen kannst und solltest. Kant geht nämlich in seiner Ethik davon aus, dass jeder Mensch nach inneren Grundsätzen (Maximen) lebt und nur so zwischenmenschliche, beziehungsmäßige moralische gute Handlungen erfolgen.
Wichtig zu unterscheiden ist, dass dich in deinen Entscheidungen zwei wesentliche Faktoren leiten. Immanuel Kant unterscheidet danach, wozu dich die Natur treibt und wozu deine Vernunft dich befähigt. Pflichtbewusst und sittlich, ethisch zu entscheiden heißt demnach: „Du sollst danach streben, deine blinden Naturtriebe (wie z.B. die Lust) den Gesetzen deiner eigenen hellen Vernunft zu unterwerfen. Der Mensch ist nicht nur Natur (Stoff), sondern auch Vernunft (Geist)“ (vgl. Friedländer 2004). Das Gesetz der Vernunft findest du nicht so schnell auf, da es weder geschichtlich noch naturwissenschaftlicher Art ist. Du kannst es nur durch überlegtes Denken, entweder alleine oder gemeinsam aufdecken. Die Fähigkeit, nach der Pflichtethik zu urteilen, ist daher eine nüchterne, strenge Art und Weise zu denken, welche die Lenkung und Leitung der Phantasie, der Gefühle der Begierde unserer blinden Natur übernehmen muss. Andere Formen des moralischen Urteils orientieren sich z.B. an der Ethik des Utilitarismus oder Hedonismus, des Nutzens und des Lustprinzips. Letztere wären eher Urteilsgrundlagen natürlicher Art.

Die Pflichtethik von Immanuel Kant / Philo Gramm (6.53 min.)
https://www.youtube.com/watch?v=6DtchCPwpHI

Aufgaben:

1. Schauen Sie den Kurzfilm (siehe QR-Code) und lesen Sie im Anschluss den Text. Fassen Sie mit einem Mitschüler/einer Mitschülerin die Kernaussagen aus Film und Text zusammen. Erstellen Sie dazu ein Schaubild.
2. Schreiben Sie auf, welche Pflichten ein Apfelproduzent gegenüber seinen Konsumenten und Mitarbeitenden haben könnte. Diskutieren und analysieren Sie diese Pflichten anhand von Gut und Böse. Sammeln Sie ihre Einsichten und erstellen Sie im Klassenverband ein Fazit.
3. Nennen Sie Pflichten, die Apfelbauern gegenüber der Natur haben. Begründen Sie diese anhand der Pflichtethik.
4. Stellen Sie Grundsätze auf, die für den „guten“ Apfelanbau Voraussetzung wären. Beachten Sie dabei die Beziehung zwischen Konsumierenden und Produzierenden. „Du sollst ...“

© Calwer Verlag GmbH

Die Grundlage des Utilitarismus ist das Nützlichkeitsprinzip. Unter Nützlichkeit im Sinne des Utilitarismus werden allgemein die Maximierung von Freude und die Minimierung von Leid angesehen. Die Grundthese des Utilitarismus lautet daher positiv formuliert: Die Folgen einer Handlung sollen das größtmögliche Glück bewirken, und zwar für die größtmögliche Menge der von der Handlung Betroffenen.

Der Utilitarismus steht damit im Gegensatz zu einer Pflichtenethik mit der extrinsischen, d.h. einer von außen angetragener Vorgabe („Du sollst!"). Grundlage der teleologischen Ethiken ist dagegen das intrinsische, d.h. das selbstmotivierte Streben nach einem Ziel als Motivation für das ethische Handeln. Kurz: Nicht Normen oder Vorgaben für eine Handlung sind für die moralische Bewertung entscheidend, sondern allein ihre Folgen und ihr Nutzen.

Als erster Vertreter des neuzeitlichen Utilitarismus gilt Jeremy Bentham (1748–1832). In seinem Werk „Eine Einführung in die Prinzipien der Moral und der Gesetzgebung" legt er zu Beginn dar: „Die Natur hat die Menschheit unter die Herrschaft zweier souveräner Gebieter – Leid und Freude – gestellt. Es ist an ihnen allein aufzuzeigen, was wir tun sollen, wie auch zu bestimmen, was wir tun werden" (Höffe 2013, S. 55).

Freud und Leid sind daher die einzigen Gebieter, unter deren „Joch" man sich stellen solle – allerdings unter dem Prinzip der Nützlichkeit. „Unter Prinzip der Nützlichkeit ist jenes Prinzip zu verstehen, das schlechthin jede Handlung in dem Maß billigt oder missbilligt, wie ihr die Tendenz innezuwohnen scheint, das Glück der Gruppe, deren Interessen in Frage steht, zu vermehren oder zu vermindern, oder – das gleiche mit anderen Worten gesagt – dieses Glück zu befördern oder zu verhindern" (Höffe 2013, S. 56). „Die Auffassung, für die die Nützlichkeit oder das Prinzip des größten Glücks die Grundlage der Moral ist, besagt, dass Handlungen insoweit und in dem Maße moralisch richtig sind, als sie die Tendenz haben, Glück zu befördern, und insoweit moralisch falsch, als sie die Tendenz haben, das Gegenteil von Glück zu bewirken. Unter ‚Glück' ist dabei Lust und das Freisein von Unlust verstanden. [...]" (Mill 2010, S. 23–25) „[Daher ist die] Lebensauffassung, auf der diese Theorie der Moral wesentlich beruht: dass Lust und das Freisein von Unlust die einzigen Dinge sind, die als Endzwecke wünschenswert sind, und dass alle anderen wünschenswerten Dinge (die nach utilitaristischer Auffassung ebenso vielfältig sind wie nach jeder anderen) entweder deshalb wünschenswert sind, weil sie selbst lustvoll sind oder weil sie Mittel sind zur Beförderung von Lust und zur Vermeidung von Unlust" (Mill 2010, S. 25).

Die Leistung Mills besteht auch darin, dass er den klassischen Vorwürfen, der Utilitarismus sei unreflektierte Triebbefriedigung, entgegentritt. Höhere Lebewesen wie der Mensch reflektieren, dass Glück mehr ist als zeitweilige Zufriedenheit. Die Folge daraus ist, dass sie ihr eigenes Glück immer nur relational zum absoluten Glück als unvollkommen wahrnehmen. Aber gerade durch diese Reflexionsleistung ist der Utilitarismus auch für moralisches Handeln geeignet. Pointiert ausgedrückt wird diese Denkfigur mit dem Verweis auf die Vorwürfe gegen Epikur: „Es ist besser, ein unzufriedener Mensch zu sein als ein zufriedenes Schwein; besser ein unzufriedener Sokrates als ein zufriedener Narr. Und wenn der Narr oder das Schwein anderer Ansicht sind, dann deshalb, weil sie nur die eine Seite der Angelegenheit kennen. Die andere Partei hingegen kennt beide Seiten" (Mill 2010, S. 33). „Dafür, dass das allgemeine Glück wünschenswert ist, lässt sich kein anderer Grund angeben, als dass jeder sein eigenes Glück erstrebt, insoweit er es für erreichbar hält" (Mill 2010, S. 107).

© Dr. Tim Schedel, aus: Ethik-Lexikon, verfügbar unter: https://www.ethik-lexikon.de/lexikon/utilitarismus

Bentham: Utilitarismus (1) Einfach erklärt!
AMODO, Philosophie begreifen! (3.51 min.)
https://www.youtube.com/watch?v=LVUleIFpsVw

© Calwer Verlag GmbH

Aufgaben:

1. Schauen Sie den Kurzfilm (siehe QR-Code) und lesen Sie im Anschluss den Text. Fassen Sie im Anschluss im Lerndu o die Kernaussagen aus Film und Text zusammen. Erstellen Sie dazu ein Schaubild.
2. Berechnen Sie in einer Gruppe den Nutzen und das Glück anhand folgender Fragen. Sie können zwischen 0–7 Punkte vergeben. Einen Punkt vergeben Sie dann, wenn die unten aufgelisteten Kriterien zutreffen. Beachten Sie daher bei der einschätzenden ethischen Berechnung die folgenden sieben Punkte. Treffen z.B. drei Punkte bei Freude zu, ist eine 3 einzutragen. Treffen zwei bei Leid zu, ist eine 2 einzutragen. Trifft kein Punkt zu, ist keine Angabe zu tätigen. Rechnen Sie am Ende die Summe der Punkte zusammen.
   Intensität: Wie stark werde ich Freude oder Leid empfinden?
   Dauer: Wie lange wird Freude oder Leid dauern?
   Gewissheit: Wie wahrscheinlich sind Freude und Leid jeweils?
   Nähe: Wie bald kommen Freude oder Leid?
   Folgenträchtigkeit: Wird weitere Freude bzw. weiteres Leid folgen?
   Reinheit: Folgt der Freude Leid oder dem Leid Freude?
   Ausdehnung: Wieviel Menschen sind davon betroffen?

Fragen zur Berechnung zu Aufgabe 2:

1. Um die geschmackliche Intensität eines Apfels zu steigern, ist Genmanipulation sinnvoll, da mit herkömmlicher Züchtung keine vergleichbaren Geschmackserlebnisse erzielt werden.
2. Monokultur steigert die Apfelproduktion und garantiert, dass möglichst viele Menschen saftige Äpfel genießen können.
3. „Und wie ihr wollt, dass euch die Leute tun sollen, so tut ihnen auch“ (Lk 6,31 / Mt 7,12). Reflektieren Sie die Goldene Regel mit Hilfestellung des Utilitarismus. Wie verhält es sich mit dem persönlichen Glück? Diskutieren Sie.

© Calwer Verlag GmbH

Aufgaben zu M 4.2 Utilitarismus:

1. Recherchieren Sie den Begriff Lieferkette.
2. Sammeln Sie in Gruppen Argumente für oder gegen Lieferketten aus dem jeweiligen Ethikansatz.
3. Formulieren Sie Argumente für eine Podiumsdiskussion und spielen Sie die verschiedenen Ethikmodelle durch.

	Intensität	Dauer	Gewissheit	Nähe	Folgen-trächtigkeit	Reinheit	Ausdeh-nung	Summe
Freude/ Glück								
Leid/ Unglück								

Wer nach Glück, Genuss und Lust strebt, handelt durchaus philosophisch, sagt der Philosoph Bernulf Kanitscheider im Tagesspiegel-Gespräch.

Herr Kanitscheider, Sie sind Philosoph und haben ein hedonistisches Manifest verfasst. Was ist eigentlich Hedonismus?
Da gilt es erst mal ein Missverständnis aufzuklären. Im Alltag versteht man unter einem Hedonisten jemand, der nicht gerne arbeitet, der andere für sich schaffen lässt und sich gemütlich zurücklehnt – aber nicht jemand, der das gelungene Leben sucht. Letzteres ist das philosophische Verständnis des Hedonismus. Im Mittelpunkt steht das Glück, vor allem angesichts der Tatsache, dass dieses Leben nur eine endliche Zeitspanne währt. Das haben schon die alten Griechen erkannt.

Von den antiken Philosophen lässt sich etwas lernen?
Schon im vierten vorchristlichen Jahrhundert haben einige Denker darauf hingewiesen, dass unsere Lebenszeit begrenzt ist und nichts darauf hinweist, dass es so etwas wie ein Weiterleben nach dem Tod und eine unsterbliche Seele gibt. Damit standen diese Philosophen natürlich im Widerspruch zu Platon, nach dessen Vorstellung die Seele nach dem Tod in ein Schattenreich eintaucht und geläutert wird, um dann in irgendeinem höheren Bereich die Unsterblichkeit zu erfahren. Im Gegensatz zu Platons Idealismus sind die Hedonisten empiristisch orientiert, sie betonen die Bedeutung des Diesseits. Danach sind wir Menschen ein Stück Natur, wir leben eine Zeit lang und wir haben die Bestimmung, dieses Lebensintervall optimal zu gestalten.

Was hat man sich darunter vorzustellen?
Wenn man 85 ist und sein Leben Revue passieren lässt, sollte man zu dem Schluss kommen: Ich habe im Wesentlichen meine Möglichkeiten genutzt und mein Leben nicht verschwendet, ich habe Sinnvolles getan und das, was mir die Natur an Talenten und Möglichkeiten zugestanden hat, habe ich ausgenützt. Das ist die essenzielle Idee des Hedonismus.

Wer waren die Hauptvertreter dieser philosophischen Richtung?
Zunächst einmal Aristippos von Kyrene, ein Zeitgenosse von Sokrates, in dessen Seminar Aristippos gesessen und mit ihm diskutiert hat. Besser bekannt ist Epikur von Athen. In der römischen Zeit ist Lukrez der Hauptvertreter, der für sein großes Lehrgedicht „De rerum natura“ berühmt geworden ist. Der Bezug auf die Endlichkeit, ein von der realen Natur geprägtes materialistisches Denken, die Skepsis in Bezug auf die Götter und Religionskritik, all das kennzeichnet das antike hedonistische Denken. Es ist deshalb kein Wunder, dass später in christlicher Zeit Epikur und seine ganze Denkrichtung abgelehnt wurden. Das Christentum stört sich wesensmäßig wenig an einem entbehrungsreichen Leben, da dieses erst im Jenseits seine Erfüllung findet. Es geht darum, am Jüngsten Tag zu bestehen – ein klarer Gegenentwurf zur Diesseitsorientierung des Hedonisten.

Trotzdem glauben viele Menschen an ein Leben nach dem Tod.
Schon Epikur, in der Neuzeit dann der Aufklärer Julien Offray de La Mettrie und im 20. Jahrhundert Bertrand Russell sind dieser Vorstellung entgegengetreten. Sie argumentierten, dass eine Unsterblichkeit der Seele unglaubwürdig ist, weil es keine Abkopplung der Seelensubstanz von ihrem materiellen Träger geben kann. Bis heute hat kein Verteidiger der Unsterblichkeit eine Idee, wie sich die Ablösung der Seele vom Leib vollziehen könnte. Übrigens teilte Aristoteles diese Meinung, auch wenn er ansonsten kein typischer Hedonist war. Die moderne Neurobiologie hat dann die epikureisch-aristotelische Auffassung voll bestätigt. Das hat natürlich Rückwirkungen auf unser moralisches Verhalten, auf unsere Ethik. Wenn eine Seelenwanderung oder eine Wiederverkörperung unglaubwürdig sind, dann müssen wir eben aus diesem einen Leben das Beste machen.

Wie kommt es, dass ein Philosoph, der sich mit Naturwissenschaft auseinandersetzt, ein Buch über den Hedonismus schreibt?
Wenn man sich als Philosoph mit Physik, Mathematik und anderen Wissenschaften beschäftigt und eine naturalistische Position vertritt – also die Auffassung, dass es auf der Welt mit rechten Dingen zugeht und alles naturwissenschaftlichen Gesetzmäßigkeiten folgt – dann wird man oft mit der These konfrontiert: Sie können damit ja nicht erklären, dass es Werte gibt! Ethische und ästhetische Werte können Sie mit Ihrem Materialismus nicht auffangen!

Ein gerechtfertigter Einwand.
Gemach! Man sollte sich fragen, wie ein Bewusstsein für moralische Werte überhaupt entsteht und wo diese in uns verankert sind. Evolutionsbiologie und Hirnforschung geben uns da wichtige Hinweise. Es sind die emotiven Zentren im Gehirn, die die Bewertungen vornehmen. Wenn man diesen Ansatz weiterverfolgt, dann stößt man auf entsprechende ethische Systeme. Und eines von diesen ist der Hedonismus. Der Hedonismus ist der Vorläufer moderner utilitaristischer Wertesysteme, die auf vernünftigen, auf rationalen Prinzipien beruhen und mit den Befunden der Hirnforschung harmonieren. In der analytischen Philosophie ist der Utilitarismus die führende Richtung.

Hedonismus – das klingt nach Verschwendung. Heute ist eher von Sparsamkeit, Mäßigung, Nachhaltigkeit die Rede, man denke an die Themen Umwelt

© Calwer Verlag GmbH

und Klima. Wie steht der Hedonist zur Energiewende?

Nur in dem oberflächlichen Alltagsverständnis, bei dem Hedonismus mit „Wein, Weib und Gesang" identifiziert wird, bedeutet Lebensfreude Verschwendungssucht. Im ernsthaften philosophischen Sinn enthält diese Ethik den Auftrag, mit der einzigen irdischen Welt sorgsam umzugehen, denn es gibt keine weitere, in der wir und unsere Kinder glücklich werden können. Nicht allen Ethikern ist aber das irdische Glück ein Anliegen. Für die ethischen Idealisten Kant, Hegel und Fichte ist das Glück des Menschen, ist die Idee des erfreulichen Lebens, nur ein wertloses Beiwerk. Danach ist es bedeutungslos, ob Menschen sich gut fühlen und ob ihr Leben gelungen ist, Hauptsache, sie tun ihre Pflicht. Der Mensch ist aus kantischer Sicht ein Pflichtautomat. Der andere Gegenpol zum Hedonismus ist die theologische Ethik, bei der nicht die Vernunft, sondern die Götter der jeweiligen Religion vorgeben, was getan werden soll. Da der Mensch es nicht wagen darf, die Gebote der Götter zu beurteilen, kommt es nicht zu einem Diskurs über ethische Forderungen.

Ist der Hedonismus unmoralisch?

Was moralisch ist und was nicht, wird durch die Ethik bestimmt. Wenn man eine Ethik akzeptiert, dann nimmt man auch ihre Grundsätze an. Aus denen leitet sich ab, was moralisch und unmoralisch ist. Nehmen wir als Beispiel die mosaische Ethik. Sie gründet sich auf die zehn Gesetze, die von Moses verkündet wurden. Die zehn Gebote sind das Fundament, die unveränderlichen Grundsätze oder Axiome. Sie bestimmen, ob eine Handlung moralisch ist. Ein anderes Beispiel für ein Axiom ist der kategorische Imperativ Immanuel Kants: Handle so, dass die Grundsätze deines Handelns ein allgemeines Gesetz sein könnten. Jede Ethik macht also Vorgaben, jenseits derer es keine tieferen Begründungen gibt. Selbst die Wissenschaft benötigt solche Axiome, auch die Quantenmechanik hat keine „Letztbegründung". Ebenso gibt es keinen absoluten Ursprung der Ethik, aus dem alle Werte entstehen.

Dann sehen Sie den Hedonismus auf der moralischen Seite.

Aber selbstverständlich! Der Hedonist setzt den Glücksgrundsatz an den Anfang. Für Aristippos ist das oberste Ziel allen Strebens die vollkommene Gestaltung des Lebens und das Vermögen, die Folgen des Handelns zu überblicken. Glück und Verstand, das sind die beiden Bestandteile. Sie werden vorausgesetzt, man kann sie nicht aus noch tieferen Prinzipien ableiten.

Gibt es eine Stufenleiter der Lust?

Das ist Sache jedes Einzelnen. Man hat versucht, eine Begründung dafür zu finden, dass geistige Werte höher stehen als körperliche, wie Sexualität. Aber solche Argumente stehen auf wackligen Beinen. Man kann nicht jemandem, der vor allem an körperlichen Freuden orientiert ist, sagen: Kümmere dich lieber um die Natur des Weltalls, das ist ein höherer Wert.

Besteht nicht die Gefahr, dass ein Hedonist zum Egoisten wird?

Schon in der Antike ist hier das Paradebeispiel die Freundschaft. Warum soll man Freunde haben, nett zu anderen sein, sich sozial engagieren? Der Platoniker sagt, die Freundschaft ist eine Idee, die der Idee des Guten untergeordnet ist. Deshalb muss ich ihr folgen. Der Hedonist sagt: Ich brauche diese Ideen nicht. Wenn ich nett zu anderen bin, dann bekomme ich auch etwas zurück, Freundschaft ist etwas Gegenseitiges. Jeder lebt besser, wenn er freundlich zum Nachbarn ist.

Sind Sie ein Hedonist?

Meine Hauptfreuden sind, Kammermusik zu treiben, Berggipfel zu besteigen und Erkenntnisse zu gewinnen. Mich beglückt es, wenn ich einen neuen begrifflichen Zusammenhang verstanden habe.

© Bernulf Kanitscheider

© Calwer Verlag GmbH

Benthams Hedonistisches Kalkül (2) Einfach erklärt!
AMODO, Philosophie begreifen! (3.51 min.)
https://www.youtube.com/watch?v=MJ4e39PCM9c

Aufgaben:

1. Schauen Sie den Kurzfilm (siehe QR-Code) und lesen Sie im Anschluss den Text. Fassen Sie danach mit einem Partner/einer Partnerin in die Kernaussagen aus Film und Text zusammen.
2. Erstellen Sie dazu ein Schaubild.

Hintergrund

In den siebziger Jahren des letzten Jahrhunderts setzte sich vermehrt die Erkenntnis durch, dass die Industriestaaten in eine tiefgreifende, das Überleben der Menschheit insgesamt bedrohende Krise geraten sind. Im Mittelpunkt der Befürchtungen standen die Gefahren des Atomkriegs und der zivilen Nutzung der Atomenergie, die Gefahr der Erschöpfung der globalen Ressourcen und die Gefahr eines ökologischen Kollaps durch Industrialisierungsfolgen und die Zunahme der Weltbevölkerung. Auch die Möglichkeit einer biomedizinischen Manipulation des Menschen und die Freisetzung genmanipulierter Mikroorganismen waren bereits Grund von Besorgnissen. Unter dem Eindruck solcher Befürchtungen, deren gemeinsames Kennzeichen im katastrophalen Charakter der gefürchteten Gefahren besteht, ist Jonas' *Prinzip Verantwortung* entstanden. Es sollte eine Antwort auf die spezifisch neuen ethischen Herausforderungen der „technologischen Zivilisation" geben: die Bedrohung der gesamten irdischen Biosphäre durch menschliches Tun, die expandierende Reichweite und zunehmende Eingriffstiefe technischer Manipulationen, die zunehmende Beeinflussbarkeit auch der menschlichen Natur, das wachsende Ausmaß arbeitsteiliger und systemisch vermittelter Handlungssequenzen, die wachsende Distanz zwischen Akteuren und Handlungsergebnissen und die zunehmende Ungewissheit der langfristig wirkenden Handlungsfolgen.

Zwar stand Jonas schon damals nicht allein mit der Annahme, dass das „veränderte Wesen menschlichen Handelns" neuartige Herausforderungen für die Ethik mit sich bringt. Deutlicher als andere vertrat er aber die These, dass die „bisherige Ethik" zur Bewältigung dieser Herausforderungen ungeeignet sei. Ihre Imperative seien auf den Nahbereich zwischenmenschlicher Interaktion beschränkt. Pflichten gegenüber Angehörigen zukünftiger Generationen lägen ebenso außerhalb ihres Horizonts wie Pflichten gegenüber der nicht menschlichen Natur. Vor allem aber setze sie die Existenz der Menschheit als gegeben voraus. Daher könne sie eine Pflicht zur Erhaltung der Menschheitsexistenz nicht begründen. Diese zweifellos angreifbare Einschätzung brachte Jonas dazu, sich nicht mit einer partiellen Revision bzw. Transformation vorfindlicher Ethiken zu begnügen, sondern ihnen eine eigenständige, ihrem Anspruch nach neuartige „Zukunftsethik" zur Seite zu stellen. Diese Zukunftsethik ist allerdings nicht als Entwurf einer allgemeinen normativen Ethik konzipiert. Sie soll keineswegs „alle frühere Ethik ersetzen". Vielmehr soll sie lediglich eine *Ergänzung* der „bisherigen Ethik" im Hinblick auf die spezifisch neuen Probleme des Handelns in der „technologischen Zivilisation" leisten. Aufgrund seiner Fokussierung auf die Bedrohung des Gattungsüberlebens lässt sich *Das Prinzip Verantwortung* als eine Art „Notstandsethik" verstehen. Jonas selbst spricht von einer „Vermeidungsethik" zur Abwendung des „äußersten Übels" einer Überlastung der irdischen Biosphäre bzw. eines Gattungssuizids der Menschheit.

Ein neuer „Kategorischer Imperativ"?

Der zentrale Gehalt dieser Ethik ist aus dem Gesagten bereits zu erschließen. Jonas fasst ihn in der Forderung zusammen: *„Handle so, dass die Wirkungen deiner Handlung verträglich sind mit der Permanenz echten menschlichen Lebens auf Erden"*. Jonas bezeichnet diese Forderung auch als „Kategorischen Imperativ". Gleichwohl ist evident, dass diese Forderung nicht als ein universalgültiges Moralprinzip in der Art des Kategorischen Imperativs Kants verstanden werden kann. Ein Moralprinzip des Kantischen Typs soll in *allen* Situationen Orientierung bieten. Der Anwendungsbereich des Jonasschen Imperativs ist hingegen auf *bestimmte* Handlungssituationen beschränkt. Nicht jede Handlung beeinflusst ja die Überlebenschancen der Menschheit.

Da Jonas den von ihm formulierten Imperativ nicht als Ersatz, sondern als *Ergänzung* der bisherigen Ethik auffasst, lässt sich fragen, wie er mit deren Forderungen vermittelt werden soll, wie also im Falle von Pflichtenkollisionen zu verfahren ist. Diese Frage ist nicht akademisch. Denn die typische Aufgabe einer „globalen Makroethik" [...] besteht nicht in der ethischen Beurteilung einzelner Handlungen, deren Auswirkungen für die Möglichkeit einer „Permanenz echten menschlichen Lebens auf Erden" entweder irrelevant oder eindeutig fatal wären. Vielmehr besteht die typische Aufgabe einer solchen Ethik in der Bewertung komplexer Entwicklungspfade, die mit jeweils ganz verschiedenen ökologischen, ökonomischen, rechtlichen, politischen und sozialen Kosten, Risiken und Ungewissheiten verbunden sind. Besagt nun *das Prinzip Verantwortung*, dass im Rahmen solcher Abwägungsprozesse das „Leitziel der Überlebenssicherung der Menschheit" gegenüber Freiheits-, Gerechtigkeits- und Partizipationsforderungen „prinzipiell vorrangig" ist? Oder ist hier zumindest eine angemessene Effizienz der dem Gattungserhalt dienenden Maßnahmen zu fordern, soweit diese zu moralischen Härten im Sinne der „bisherigen Ethik" führen? Wie wäre jedoch eine solche Angemessenheit zu ermitteln? Pointiert gesagt:

Das Prinzip Verantwortung bietet auf solche Fragen keine eindeutige Antwort. Es enthält nämlich kein höherstufiges Kriterium, mit dessen Hilfe die Forderungen der „traditionellen" Ethik gegen das Postulat der Menschheitsbewahrung abgewogen werden könnten. Mit diesem Manko hängen die viel diskutierten Unschärfen in Jonas' Überlegungen zur politischen Im-

© Calwer Verlag GmbH

plementierung der globalen Zukunftsverantwortung zusammen. Freilich fordert Jonas' Kategorischer Imperativ nicht nur die Bewahrung der Existenz der biologischen Art Mensch, sondern die Permanenz echten menschlichen Lebens. Was unter „echtem" menschlichen Leben zu verstehen ist, bleibt jedoch weitgehend unbestimmt. Einen Hinweis gibt Jonas allerdings durch die Klarstellung, dass sich die moralische Verantwortung für die Fortexistenz der Menschheit auf die Bedingungen der Verantwortungsfähigkeit selbst erstrecken müsse. Verantwortlich seien wir „[z]umindest dafür, dass diese Fähigkeit und die Grundlage davon – vernünftiges Wissen und freies Wollen – nicht wieder aus der Welt verschwinden". Eine menschliche Zukunft „jenseits von Freiheit und Würde" (Skinner) kommt als Ziel der Jonasschen Zukunftsethik jedenfalls nicht in Frage.

„In dubio pro malo"

Hinsichtlich der „Anwendung" des Prinzips Verantwortung hebt Jonas die zunehmende Bedeutung empirischen Wissens im Kontext ethischer Urteilsfindung hervor. Als Konsequenz aus der mit der wachsenden Reichweite menschlicher Handlungsmacht zunehmenden Ungewissheit der Fern- und Spätwirkungen unseres Handelns postuliert er die *„Beschaffung der Vorstellung von den Fernwirkungen" als „erste Pflicht der Zukunftsethik"*. Da auch die sorgfältigste Zukunftsprognose oder Folgenabschätzung unzureichend und fehlbar bleibt, schlägt Jonas die Entscheidungsregel „in dubio pro malo" für den Umgang mit den verbleibenden Ungewissheiten vor: „wenn im Zweifel, gib der schlimmeren Prognose vor der besseren Gehör, denn die Einsätze sind zu groß geworden für das Spiel". Dieses „tutoristische" Prinzip leuchtet freilich nur innerhalb der Beschränkungen einer Vermeidungsethik zur Abwendung des äußersten Übels ein, d.h. soweit mit der Möglichkeit einer *fatalen Schadensgröße* gerechnet werden muss. In solchen Fällen scheinen bereits extrem geringe Eintrittswahrscheinlichkeiten unerträglich und wirkt die Rede von „akzeptablen Restrisiken" in der Tat zynisch. In Bezug auf eng umgrenzte, möglicherweise tolerable Schadensdimensionen wäre es jedoch irrational, stets die ungünstigste Prognose zugrunde zu legen. Zudem führt das tutoristische Prinzip nur dort zu eindeutigen Ergebnissen, wo wir sicher sein können, dass mit der Inkaufnahme neuer Risiken nicht zugleich bereits bestehende Großgefahren abgewendet werden – dort also, wo technologische Innovationen der Erschließung ganz neuer Handlungsmöglichkeiten dienen, und nicht nur dem funktionalen Ersatz älterer, möglicherweise nicht weniger risikobehafteter Methoden. Ein genereller „Konservatismus" in Bezug auf technologische Innovationen ergibt sich aus dem tutoristischen Prinzip deshalb erst dann, wenn zusätzlich ein eingleisig fortschreitender technologischer Entwicklungsprozess unterstellt wird, dessen Gefahren vor allem in einem katastrophalen „Zuviel" zu erblicken sind. Tatsächlich legt Jonas vielfach ein solches Bild der Technikentwicklung nahe.

[...] Der Eigenwert eines Seienden ist laut „Prinzip Verantwortung" vor allem dann intuitiv erfahrbar, wenn es als bedroht wahrgenommen wird: „Wir wissen erst, was auf dem Spiel steht, wenn wir wissen, dass es auf dem Spiel steht".

Micha H. Werner, Hans Jonas' Prinzip Verantwortung, in: Bioethik. Eine Einführung. Herausgegeben von Marcus Düwell und Klaus Steigleder. © Suhrkamp Verlag Frankfurt am Main 2003. Alle Rechte bei und vorbehalten durch Suhrkamp Verlag AG, Berlin.

© Calwer Verlag GmbH

Aufgaben:

1. Halten Sie anhand des Textes schriftlich fest, was Hans Jonas unter *Verantwortung* versteht. Stellen Sie wesentliche Merkmale von Verantwortung heraus.
2. Diskutieren Sie, was unter „echtem" menschlichen Leben verstanden werden kann.
3. Entwickeln Sie ein zukünftiges Szenario der gegenwärtigen industrialisierten Apfelanbaukultur. Beziehen Sie Folgen und Risiken mit ein und überlegen Sie anhand dieser Kriterien, inwieweit dies in Relation zu „echtem" menschlichem Leben steht.
4. Welche Verantwortung, Pflichten und konkreten Handlungsaufträge lassen sich aus Ihrem Beispiel ableiten für die Gegenwart und Zukunft? Geben Sie darauf Antworten.
5. Welches Maß des Bevölkerungsanstiegs rechtfertigt Genmanipulation von Nahrungsmittel, um mehr zu produzieren, damit alle satt werden, allerdings unklar ist, wie sich dieses Essen auf die Entwicklung des Menschen verhält?
6. Wie ist dies in Relation zu begreifen, wenn die zweifelhaften Anbaubedingungen der Monokultur zu verantworten sind, die nachhaltig Lebensraum zerstören, aber scheinbar notwendig erscheinen, um Ersteres möglicherweise zu umgehen?
7. Diskutieren Sie diese komplexe Fragestellung anhand des Imperativen von Jonas' „Handle so, dass die Wirkungen deiner Handlung verträglich sind mit der Permanenz echten menschlichen Lebens auf Erden".

M 4.5 Schöpfung und Natur

„Schöpfung bewahren", so lautet eine Forderung, die aus dem Konziliaren Prozess in den 80er Jahren von den christlichen Kirchen formuliert wurde. Diese Formulierung hat dazu geführt, dass, wie Jan Woppowa (2022) zeigt, Schöpfungsbewahrung und Natur- und Umweltschutz gleichgesetzt wurden. Doch „Schöpfung und Natur können nicht gleichgesetzt werden" (Gräb-Schmidt 2015, S. 665).

„Die Schöpfungsmythen erklären als ätiologische Erzählung die gegebene Lebenswirklichkeit (wie die Sterblichkeit des Menschen und Geschlechterverhältnisse)."
(Rothgangel & Hermission 2019, S. 369)

„Bei einem engen Begriff ist die Natur der Erde gemeint, die natürliche Umwelt, bei einem weiten die Natur des Kosmos, sodass beispielsweise der Mond und die Sonne zur Natur zu zählen wären."
(Bendel 2020)

„Schöpfung macht auf die Unterscheidung zwischen Schöpfer und Schöpfung aufmerksam und reflektiert die Beziehung zwischen Gott, Mensch und Welt."
(Woppowa 2022, S. 351)

„Unter verantwortungsethischer Perspektive kann damit der Begriff der Versöhnung deutlich machen, warum Schöpfung und Natur zu unterschiedlich sind. Es handelt sich bei ihnen nicht einfach um unterschiedliche Perspektiven auf die Welt, die einmal mit und einmal ohne Gottesbezug thematisiert würden, sondern die Natur ist immer auch ein Teil des Schöpfungsverständnisses."
(Gräb-Schmidt 2015, S. 703)

„Unter Natur wird der Teil der Welt verstanden, der nicht vom Menschen geschaffen wurde, sondern der von selbst entstanden ist."
(Bendel 2020)

© Calwer Verlag GmbH

Aufgaben:

1. Wie unterscheiden sich die Begriffe Schöpfung und Natur? Erstellen Sie einen tabellarischen Vergleich der Unterschiede.
2. Erstellen Sie eine lexikalische Definition oder zeichnen Sie ein Bild.

Notizzettel: pixabay.com/NoName_13

Unterrichtseinheit 5: Biblisch-theologisch

Nach Schambeck (2018) sind „Texte [...] erst dann relevant, wenn Leser und Leserinnen ihnen Bedeutsamkeit zumessen und dies auch zum Ausdruck bringen“ (Schambeck 2018, S. 468), was in Bezug auf die Bibel eine Herausforderung darstellt, denn „die Mehrheit der Jugendlichen [hält] die Bibel für schwer zu verstehen, und [...] [nur] die Hälfte der Schülerinnen und Schüler ist der Meinung, die Bibel habe etwas mit ihrem Leben zu tun“ (Zimmermann 2019, S. 39). Vor diesem Hintergrund erfolgt die Erschließung biblischer Texte in Anlehnung an die bibeltheologische Didaktik, die „drei voneinander unterscheidbar, aber aufeinander verwiesene Bereiche [kennzeichnet], die in biblischen Lernarrangements zwar unterschiedlich gewichtet werden können, von denen aber keiner ausgespart werden darf: die Welt des Textes, des Lesers sowie die Kommunikationen zwischen Text – und Leserwelt“ (Schambeck 2018, S. 462).

In Anlehnung an die bibeltheologische Didaktik steht im ersten Schritt „das wirkliche Lesen und Verstehen“ (Schambeck 2018, S. 463) der Bibelstellen. Hierzu lesen und erarbeiten sich die Schülerinnen und Schüler in diesem Abschnitt die ausgewählten Bibelstellen (**M 5.2a**). Die beiden Bibelstellen beinhalten komplexe Themen und theologische Überlegungen, welche durch das Bilden von Expert:innengruppen sukzessive herausgearbeitet werden sollen. Die Gruppen erhalten hierfür Zusatzinformationen (**M 5.2c–M 5.3f**), welche bei der Bearbeitung von Fragen an die Bibeltexte Hilfestellung bieten. Die zu klärenden Fragen werden durch ein von der Lehrperson moderiertes Unterrichtsgespräch erarbeitet.

Die neu gewonnenen Erkenntnisse der Schülerinnen und Schüler werden auf den Blättern (**M 5.2b**) gesammelt und als Tafelbild o.Ä. dem Plenum zur Verfügung gestellt. Daran anschließend bearbeiten die Schülerinnen und Schüler gemeinsam mit der Lehrperson die Frage: „Was lässt sich anthropologisch und ethisch an Orientierung aus den biblischen Texten für die Gegenwart lernen?“

Weiterführend erarbeiten sich die Schülerinnen und Schüler anhand von zwei jüdischen Festen bzw. Weisungen (Bal Tashchit – „Vernichte nicht“ und Tu BiSchwat – „Vom Neujahr der Bäume“) jüdische Traditionen, die einen verantwortungsvollen Umgang mit der Umwelt einfordern.

Worterklärungen

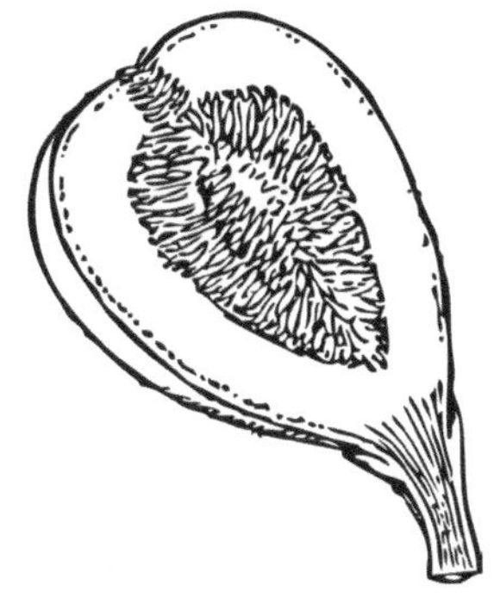

Garten Eden: Name für das Paradies. Eden bezeichnet die fruchtbare und wasserreiche Landschaft, in der die ersten Menschen lebten.

Feigenbaum: Obstbaum mit großen Blättern, die in der Mittagshitze reichlich Schatten spenden. Die Früchte gehören im östlichen Mittelmeerraum zu den Grundnahrungsmitteln.

Fluch: Ein Unheil bringendes Wort, durch das die Lebenskraft oder das Wohlergehen des Verfluchten gemindert werden soll.

zum Erdboden zurückkehren: Im Hebräischen klingen die Worte für Mensch (adam) und Erdboden (adama) ähnlich. Mit der Rückkehr zum Erdboden ist der Tod gemeint.

Brotsorten: Weizenbrot war das wichtigste Nahrungsmittel in der Antike. Es wurde, um eine Abwechslung im Speiseplan zu erzielen, mit Gewürzen oder Hirse u.a. gemischt und in verschiedenen Formen gebacken. Am häufigsten wurde wahrscheinlich das einfache Brot hergestellt. Es ist ein Fladenbrot, das auf die Außenseite eines heißen Backofens gelegt wurde. Fiel es herab, war es fertig und konnte gegessen werden.

Adam: Name des ersten Menschen. Das Wort kann im Hebräischen auch einen einzelnen Menschen oder die Menschheit bezeichnen.

Baum des Lebens: Steht im Paradies. Wer von seinen Früchten isst, wird niemals sterben.

Kerubim: Himmlische Wesen mit einem menschlichen Gesicht, Flügeln und einem Löwenkörper. Ihre Abbilder im Heiligtum tragen den Thron Gottes: Wächtertier.

Gliederung

V. 1–5: Dialog von Schlange und Frau: Erstes Zwiegespräch der Bibel mit „Gott" als Thema, die Schlange lotet die Belastbarkeit der Frau aus (vgl. Fischer 2018, S. 229).

V. 6–7: Essen vom Baum und die Folgen

V. 8–19: Gottes Aufarbeiten des Geschehens (8–13: Befragungen; 14–19 Ansage der Folgen: 14–15 Folgen für die Schlange, 16 für die Frau, 17–19 für den Mann); V. 11–13: richterliche Befragung, aber auch Motiv des besorgten Freundes; Fluch in V. 14.17 stellt Gegensatz zum dreifachen Segen in der Schöpfungserzählung dar; wie Gen 2,4–25 ist Gen 3 janusgesichtig) (vgl. Fischer 2018, S. 228)

V. 20–21: zwei ausgleichende Reaktionen

V. 22–24: Ausstoßung aus dem Paradies

Kommentar

V. 1–5 Der Auftritt der Schlange kommt überraschend, doch das Kapitel 3 ist via Stichwortassoziation eng mit dem Kapitel 2 verbunden (vgl. Fischer 2018, S. 226), so zum Beispiel die Gottesbezeichnung JHWH (Deutung des Namens erst in Ex 3), die Personen, zwei Bäume (Begriff ist kollektiv gebraucht), Eden = Wonne. Dem Garten Eden kommt hier jedoch im Unterschied zu Gen 2 der Aspekt des Scheiterns zu. Das Verbot in Gen 2,17 wird in Gen 3 noch einmal aufgenommen und verschärft: „Das Menschenpaar übertritt eine göttliche Weisung und wird dafür zur Verantwortung gezogen; das belegt ein deutliches *Bewusstsein der sittlichen Qualität* von Handlungen als Maßstab ihrer Beurteilung durch Gott." (vgl. Fischer 2018, S. 226) Am Anfang steht eine Fabel (sprechendes Tier; könnte auch ein Märchenmotiv sein; vgl. Num 22,21–35) und es geht um die animalische Dimension menschlicher Verfehlung (vgl. Fischer 2018, S. 227) (vgl. Gen 1,26.28: Menschen sollen diese Dimension beherrschen). Im ersten biblischen Zwiegespräch lotet die Schlange das Vertrauen der Menschen zu Gott aus und stellt die Gottesbeziehung (vgl. Fischer 2018, S. 229) des Menschen

Grafik oben: pixabay.com/Clker-Free-Vector-Images
Grafik unten: pixabay.com/OpenClipart

© Calwer Verlag GmbH

auf die Probe. Die Schlange verändert die Atmosphäre und ihre Eigenschaften werden vorgestellt (vgl. Fischer 2018, S. 230). In ihrer Listigkeit, aber auch Verkehrtheit, übertrifft die Schlange alle anderen Tiere. Zudem (vgl. Fischer 2018, S. 231) drückt sich die Schlange in menschlicher Sprache aus und redet wie eine Person: „Die Mittel der Verführung" (vgl. Fischer 2018, S. 231) werden anschaulich und begreifbar; zwar wird die Frau angesprochen, gemeint ist aber das Menschenpaar; die Frau ist nur die scheinbar Klügere, die die scheinbar unwissende Schlange aufklärt – aber „das Reden der Schlange erzeugt Unbehagen" (vgl. Fischer 2018, S. 232), „ihre Frage sucht nicht nach der Wahrheit [...], sondern sucht sie zu zerstören." (vgl. Fischer 2018, S. 232) V. 2 Die Frau lässt sich in das Gespräch mit der Schlange hineinziehen und in der Rede der Frau scheint Gott knausrig zu sein (vgl. Fischer 2018, S. 232). **V. 3** Wie in **V. 2** steht die Frucht (kollektiv) im Vordergrund; das von Gott Befohlene erscheint in freier Wiedergabe – die Frau vertauscht die Angaben der Bäume und übernimmt das Zitat der Schlange „hat Gott gesagt" aus **V. 1** und belastet so die Vorstellung von Gott; „die Verschärfung des Verbots kann jedoch, weil überzogen, auch zum leichteren Übertreten führen." (vgl. Fischer 2018, S. 233) Gottes Begründung, in Gen 2,17 wird auf einen einfachen Finalsatz reduziert und als Inhalt erscheint die Angst vor dem Tod (vgl. Fischer 2018, S. 233). **V. 4** Die Schlange will von der Frau aber nicht nur eine konkrete Auskunft bekommen und sie hat anderes zum Ziel; sie verdreht das Reden Gottes und stellt so die Weisung Gottes als Lüge dar. **V. 5** In Vers 5 suggeriert die Schlange in ihrer Begründung, Gottes Entscheidungen und Wollen zu kennen und vermittelt so der Frau, über Gottes Pläne Bescheid zu wissen (vgl. Fischer 2018, S. 234); Gott gleich zu sein, scheint der größte Vorteil der Gebotsübertretung (vgl. Fischer 2018, S. 235): JD' (erkennen) wird von der Schlange sehr ambivalent eingesetzt und untergräbt so das Vertrauen der Menschen in Gott. **V. 6** Die Frau hat nur Augen für den einen Baum als begehrenswert zum Ansehen und gut zum Essen (vgl. Fischer 2018, S. 236); der Baum fesselt die Frau mehr als die anderen Bäume. Das Wort BEGIERDE verneint den Dekalog: „Hier vermittelt der Baum schon beim *Anschauen eine solche Lust*, dass der Blick [...] gebannt und gefangen genommen wird, nicht mehr von ihm loskommt und das Verlangen auslöst, mehr von ihm zu bekommen." (vgl. Fischer 2018, S. 237) Dreimal wird die Faszination des Baumes stärker als Gottes Verbot charakterisiert. „Die Verführte wird sogleich zur Verführerin"[1] (G. von Rad 2011, S. 64; vgl. Fischer 2018, S. 38). **V. 7** Das Menschenpaar begreift sein Ausgesetztsein, seine Verwundbarkeit, seine Fragmentarität (vgl. Fischer 2018, S. 238) und die Unbefangenheit des Menschenpaares wird zerstört; die erste Gegenmaßnahme stellt Schurze her, um die Blöße zu bedecken – die erste Kleidung ist ein ärmlicher Notbehelf. Das Gift der Schlange wirkt weiter als Lüge und als Vertrauensbruch gegenüber Gott: „Im Essen sind die Menschen durch Vertrauensbruch und Undankbarkeit *Gott gegenüber schuldig* geworden, und ihr Leben wird weiterhin davon belastet sein." (vgl. Fischer 2018, S. 240) Gott sucht jedoch wie ein väterlicher Freund die Wahrheit ans Licht zu bringen. **V. 8** Nach dem Sehen der Nacktheit und Blöße kommt nun das HÖREN, das den Wunsch beim Menschenpaar aufkommen lässt, sich zu verstecken, nicht aus Scham, sondern aus Angst heraus. Das Hören der Schritte Gottes geschieht aus der Perspektive der Menschen, fast hört man als Rezipient:in das laute Klopfen der Menschenherzen. Gott geht in der Abendkühle spazieren, d.h., es vergeht keine Nacht, in der man/frau sich dauerhaft verstecken könnte (vgl. Fischer 2018, S. 242). **V. 9** Das Rufen Gottes signalisiert hier, dass es um eine wichtige Kontaktaufnahme geht, aber letztlich weiß Gott schon alles (vgl. Fischer 2018, S. 243). **V. 10** Der Mensch weicht der Frage Gottes nach dem WO aus und das erste Mal wird das Motiv Angst in der Bibel greifbar und die Antwort des Menschen verdreht die Wahrheit immer mehr und verstrickt sich immer mehr in Lügen und Unwahrheiten und Ungereimtheiten. **V. 11** Gott gibt dem Menschen eine Chance, sich zu erklären und sich seiner VERANTWORTUNG zu stellen (vgl. Fischer 2018, S. 245). **V. 12** Die Verantwortungsdelegation beginnt und der Mann schiebt die Verantwortung der Frau zu, d.h. das eigene Handeln wird als geringer eingestuft und

© Calwer Verlag GmbH

1 In vielen Bildern der Kunst verführt nicht die Schlange Eva, sondern beide gemeinsam den Mann ... Die Wirkungsgeschichte solcher Bilder ist bekannt: Die Frau als verführte Verführerin wird quasi selbst zur „Schlange". Der Mann wirkt der gedoppelten Macht von Frau und Schlange gegenüber noch machtloser und schwächer, als ihn der biblische Text sowieso schon darstellt: „... sie gab auch ihrem Mann, der bei ihr war, und auch er aß" (Gen 3,6). Interessanterweise ist diese geballte Weiblichkeit vom hebräischen Text her gar nicht möglich. Im Hebräischen ist nahasch, die Schlange, nämlich männlich: „der Schlang" (Bibel heute (2015). Eva und die Schlange. Eva – Lust auf Erkenntnis, Bibel heute, 4. Quartal, S. 13)

andere belastet (vgl. Fischer 2018, S. 245). **V. 13** Die Frau reagiert ähnlich wie der Mann und entlastet sich selbst, indem sie die Schlange belastet (vgl. Fischer 2018, S. 246); beide zeigen jedoch keine Reue oder Einsicht in ihr Verhalten. Was bedeutet nun in diesem Zusammenhang, dass beiden die Augen aufgehen und sie „gut" und „böse" erkennen? **V. 14** Gott redet nun zur Schlange, indem er sie verflucht (vgl. Gen 4,11) – der Fluch aus Gottes Mund kommt nur an diesen beiden Bibelstellen vor; der Fluch ist das Gegenteil des Segens und die Verfluchung drückt eine Minderung des Lebens aus, was letztlich auf den Tod zielt. Das Kriechen der Schlange auf dem Bauch wird hier in Form einer Ätiologie dargestellt (vgl. Jer 46,22; Lev 11,42: „Was in der Natur beobachtet wurde, findet so in Gottes Urteil eine Erklärung." (vgl. Fischer 2018, S. 248; vgl. auch Jacob 2000, S. 112; Westermann 1999, S. 353) **V. 15** Die grundlegende Gegnerschaft zwischen Mensch und Schlange wird erklärt; beide Seiten agieren grundsätzlich aggressiv (vgl. Fischer 2018, S. 249). **V. 16** Gottes Anrede an das Menschenpaar unterscheidet sich grundlegend von Gottes Reaktion auf die Schlange: Mühsal und Schwangerschaft werden in ein Verhältnis zueinander gebracht (= Hendiadyoin), was wiederum ätiologisch gefasst wird (vgl. Fischer 2018, S. 251). Auch die Schmerzen beim Gebären unterscheiden Mensch und Tier; gleichzeitig wird die Verheißung ausgesprochen und so Gen 1 aufgenommen, dass viele Kinder gezeugt und geboren werden; die Hinneigung zwischen den Geschlechtern wird betont, jedoch in einer patriarchalen Perspektive, also Orientierung auf den Mann hin (vgl. Fischer 2018, S. 253). **V. 17** Der Mann wird von Gott angesprochen; dem Mann wird vorgeworfen, nicht auf Gott zuerst, sondern auf seine Frau gehört zu haben: „Im Konflikt widersprüchlicher Positionen sollte Gottes Stimme immer Priorität erhalten vor menschlichen Überlegungen und Einflussnahmen Anderer." (vgl. Fischer 2018, S. 254) Das Versagen des Menschen zeitigt immer Folgen, die das Gegenteil von Segen bedeuten (vgl. Fischer 2018, S. 255). **V. 18** Der Nahrungserwerb wird in Zukunft mühselig sein; die schönen Fruchtbäume des Paradieses rücken in weite Ferne; Auswahl und Qualität der Nahrung bzw. des Essensangebotes gehen zurück. **V. 19** Der Mensch wird fortan als sterbliches und vergängliches Wesen charakterisiert (vgl. Fischer 2018, S. 257): „Leben ist zeitweise Sonderexistenz eines Stückes Erde" (Jacob 2000, 122) (vgl. Fischer 2018, S. 258) **V. 20** Die Frau wird zu EVA, der Mann zu ADAM, was erste Gattungsbezeichnungen sind und gleichzeitig personalisiert, sodass Identifikationen der Rezipierenden möglich werden. **V. 21** Die von Gott angefertigte Kleidung wird hervorgehoben und Gott stellt so die Würde des Menschen wieder her (vgl. Fischer 2018, S. 259). **V. 22** Abschließende Gottesrede, um den Menschen in Zukunft vor sich selbst zu schützen. **V. 23** Die Menschen haben die Pflege des Gartens Edens nicht verantwortungsvoll übernommen und sie sind daran gescheitert; Gott schützt nun den Garten vor dem Zugriff des Menschen und befähigt gleichzeitig den Menschen, außerhalb des Paradieses zu leben. Im Paradies war dem Menschen ein weiter Raum der Freiheit geschenkt, den er verspielt hat, indem ein göttliches Gebot übertreten wurde. In Folge dieses Falls beginnt eine Verantwortungsdelegation, die dazu führt, dass der Mensch die ihm geschenkte Freiheit zerstört.

Georg Fischer, Genesis 1–11, © 2018 Verlag Herder GmbH, Freiburg i.Br.

© Calwer Verlag GmbH

M 5.2a Genesis 2,4b–25 (BasisBibel)

4b Zu der Zeit, als Gott der HERR Erde
und Himmel machte,
5 wuchs noch nichts auf der Erde.
Es gab keine Sträucher auf dem Feld
und auch sonst keine Pflanzen.
Denn Gott der HERR hatte noch keinen Regen
auf die Erde fallen lassen.
Es gab auch keinen Menschen,
der den Erdboden bearbeitete.
6 Wasser stieg aus der Erde auf
und tränkte den ganzen Erdboden.
7 Da formte Gott der HERR
den Menschen aus Staub vom Erdboden.
Er blies ihm den Lebensatem in die Nase,
und so wurde der Mensch ein lebendiges Wesen.
8 Dann legte Gott der HERR einen Garten an –
im Osten, in der Landschaft Eden.
Dorthin brachte er den Menschen,
den er geformt hatte.
9 Gott der HERR ließ aus dem Erdboden
alle Arten von Bäumen emporwachsen.
Sie sahen verlockend aus,
und ihre Früchte schmeckten gut.
In der Mitte des Gartens aber
wuchsen zwei besondere Bäume:
der Baum des Lebens
und der Baum der Erkenntnis von Gut und Böse.
10 In Eden entspringt ein Strom,
der den Garten bewässert.
Von dort teilt er sich in vier Flüsse:
11 Der erste heißt Pischon.
Er fließt um das ganze Land Hawila herum,
wo es Gold gibt.
12 Das Gold dieses Landes ist besonders rein.
Dort gibt es auch kostbares Harz
und den Edelstein Karneol.
13 Der zweite Strom heißt Gihon.
Er fließt um das ganze Land Kusch herum.
14 Der dritte Strom heißt Tigris.
Er fließt östlich von Assur.
Der vierte Strom ist der Eufrat.

15 Gott der HERR nahm den Menschen
und brachte ihn in den Garten Eden.
Er sollte ihn bearbeiten und bewahren.
16 Und Gott der HERR gebot dem Menschen:
„Von jedem Baum im Garten darfst du essen.
17 Aber vom Baum der Erkenntnis von Gut und Böse
darfst du nicht essen.
Sobald du davon isst, wirst du sterben."
18 Gott der HERR sprach:
„Es ist nicht gut, dass der Mensch allein ist.
Ich will ihm eine Hilfe machen –
ein Gegenüber, das ihm entspricht."
19 Gott der HERR formte aus dem Erdboden
alle Tiere auf dem Feld und alle Vögel am Himmel.
Dann brachte er sie zu dem Menschen,
um zu sehen, wie er sie nennen würde.
Jedes Lebewesen sollte so heißen,
wie der Mensch es nannte.
20 Also gab der Mensch ihnen Namen:
allem Vieh, den Vögeln am Himmel
und allen Tieren auf dem Feld.
Aber es war keine Hilfe für den Menschen dabei –
kein Gegenüber, das ihm entsprach.
21 Da versetzte Gott der HERR
den Menschen in einen tiefen Schlaf.
Er nahm eine von seinen Rippen
und verschloss die Stelle mit Fleisch.
22 Aus der Rippe, die er vom Menschen genommen
hatte, bildete Gott der HERR eine Frau.
Die brachte er zum Menschen.
23 Da sagte der Mensch:
„Sie ist es! Sie ist von meinem Fleisch und Blut.
‚Frau' soll sie heißen und ich ‚Mann'.
Von mir ist sie genommen, wir gehören zusammen."
24 Darum verlässt ein Mann seinen Vater und seine
Mutter und verbindet sich mit seiner Frau.
Sie sind dann eins mit Leib und Seele.
25 Der Mann und seine Frau waren beide nackt,
doch sie schämten sich nicht voreinander.

BasisBibel, © 2021 Deutsche Bibelgesellschaft, Stuttgart

© Calwer Verlag GmbH

Aufgaben:
1. Lesen Sie den Bibeltext.
2. Schreiben Sie Ihre Fragen/Assoziationen zum Text auf.

____

____

____

____

____

____

____

____

____

____

3. Besprechen Sie sich mit Ihren Gruppenmitgliedern über Ihre Fragen/Assoziationen.
4. Notieren Sie zwei Ihrer Fragen/Assoziationen auf den beigefügten Blättern (**M 5.2b**). Einigen Sie sich in der Gruppe.
5. Stellen Sie im Plenum Ihre Ergebnisse vor.
6. Bearbeiten Sie im Anschluss ein weiterführendes Informationsblatt **M 5.2c–M 5.2f**.

© Calwer Verlag GmbH

M 5.2b Frage- und Assoziationsblätter

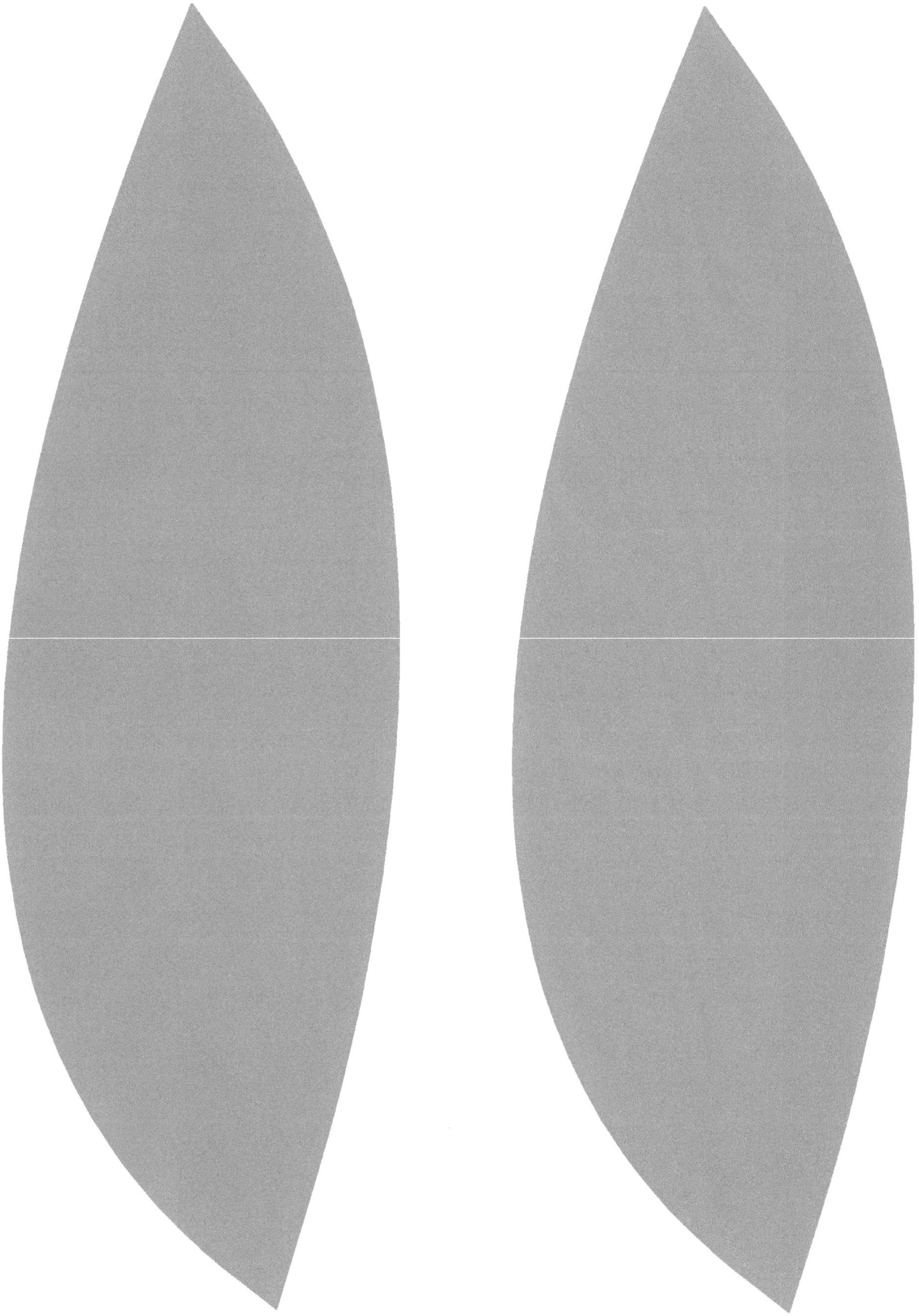

Grafik: Margarete Retzbach

© Calwer Verlag GmbH

M 5.2c Gott legt einen Garten an

Wie ist der Text gemeint? Gen 2,4bf ist eine sogenannte Ätiologie, damit ist gemeint:
Die hebräische Bibel thematisiert nicht den Ursprung des Menschen oder die genauen Abläufe, sondern fokussiert sich auf die Frage nach dem Sinn des Menschseins, seinem Verhältnis zur Umwelt und zu Mitmenschen. Dabei steht nicht die Klärung wissenschaftlicher Fakten im Vordergrund, obwohl die Autoren sich bemühten, das Wissen ihrer Zeit angemessen zu berücksichtigen (vgl. Schüngel-Straumann 2015, S. 165).

„Lebewesen brauchen einen geeigneten Lebensraum, der die notwendige Nahrung zur Verfügung stellt. Mit der Anlage eines besonderen ‚Parks' (V. 8–9) erfüllt Gott dieses Bedürfnis in höchster Weise, dem Menschen ‚Augen- und Gaumenschmaus' bietend und zusätzlich zwei besondere Bäume (V. 9). In vielen Gegenden der Erde ist Wassermangel ein Problem, doch nicht so hier: Ein Strom tränkt den Park mit den vielen Bäumen und ist so gewaltig, dass er trotz Aufteilung in vier Flüsse noch darüber hinaus mehrere große Länder zu versorgen vermag **(V. 10–14)**" (Fischer 2018, S. 187).
Gen 2 und 3 gehören zusammen, „sie sind eng aufeinander bezogen durch ihren Inhalt, aber auch durch zahlreiche Stichworte bzw. Wortspiele, die z. T. in der deutschen Übersetzung verloren gehen." (Schüngel-Straumann 2015, S. 52). Hierbei ist „Gen 3 [...] wie die negative Kehrseite zu JHWHs[1] Wonnepark" (Fischer 2018, S. 221).

Aufgaben:

1. Lesen Sie den Text.
2. Notieren Sie zwei neue Erkenntnisse, die Sie im Hinblick auf den Bibeltext gewonnen haben.
3. Stellen Sie ihre Erkenntnisse im Plenum vor.
4. Zeigen Sie Konsequenzen auf, die sich ausgehend von den neu gewonnen Erkenntnissen für Sie ergeben.

1 Der Gottesname JHWH wird in vielen Texten mit dem Kapitälchen HERR wiedergegeben und bezieht sich immer auf eine persönliche Beziehung des Glaubenden auf Gott. Wenn nicht das Tetragram steht im hebräischen Text Elohim allgemein für Gott. Diese Praxis ist auch aus Respekt gegenüber unseren jüdischen Geschwistern für die vorliegende Arbeit übernommen, sofern es sich nicht um direkte Zitate handelt. Dabei wird HERR als Ersatz und Zeichen für den Gottesnamen wahrgenommen und nicht die Unterstützung eines patriarchalen Gottesbildes

Grafik: pixabay.com/StarGlade

© Calwer Verlag GmbH

M 5.2d Erschaffung von Adam

Wie ist der Text gemeint? Gen 2,4bf ist eine sogenannte Ätiologie, damit ist gemeint:
Die alttestamentliche Bibel thematisiert nicht den Ursprung des Menschen oder die genauen Abläufe, sondern fokussiert sich auf die Frage nach dem Sinn des Menschseins, seinem Verhältnis zur Umwelt und zu Mitmenschen. Dabei steht nicht die Klärung wissenschaftlicher Fakten im Vordergrund, obwohl die Autoren sich bemühten, das Wissen ihrer Zeit angemessen zu berücksichtigen (vgl. Schüngel-Straumann 2015, S. 165).

Genesis 2,4b „nimmt ihren Ausgangspunkt bei dem Fehlen des Gartens und seines Bebauers, dem Menschen. Beide werden aufeinander hin geschaffen (**V. 7–8**)" (Bauks 2013, S. 351). Dieses Schaffen wird „durch ein Verb ausgedrückt (jazar), das etwa mit ‚formen', ‚töpfern' zu übersetzen wäre. Dafür wurde auch allgemein im Orient die Verbindung zwischen Mensch und Erde – auch die Abhängigkeit von der Ackererde – ausgedrückt" (Schüngel- Straumann 2014, S. 146). Diese Verbundenheit zum Erdboden wird im Hebräischen durch das Wortspiel, in dem der „Menschen immer als 'adam [adamah = Erdboden]" (Schüngel-Straumann 2015, S. 128) bezeichnet wird, aufgenommen. Nachdem der Mensch nun geformt ist, bedarf die „immer noch ‚tote' Materie [...] einer weiteren göttlichen Handlung, [...] ‚bläst' [...], in einer Art Mund-zu-Nase Beatmung, Gottes Atem in den Menschen hinein. So hat dieser einerseits, durch den Stoff, aus dem er geformt ist, eine Beziehung zur Erde, und andererseits erhält er Anteil an Gott" (Fischer 2018, S. 186).

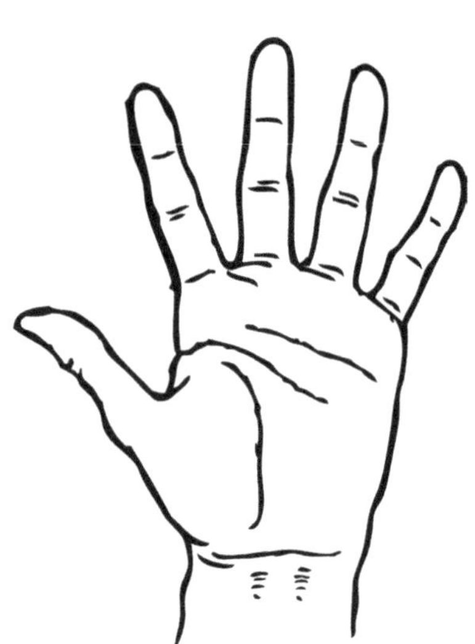

© Calwer Verlag GmbH

Aufgaben:
1. Lesen Sie den Text.
2. Notieren Sie zwei neue Erkenntnisse, die Sie im Hinblick auf den Bibeltext gewonnen haben.
3. Stellen Sie Ihre Erkenntnisse im Plenum vor.
4. Zeigen Sie Konsequenzen auf, die sich ausgehend von den neu gewonnenen Erkenntnissen für Sie ergeben.

Grafik: pixabay.com/Clker-Free-Vector-Images

M 5.2e Gute und Böse erkennen

Wie ist der Text gemeint? Gen 2,4bf ist eine sogenannte Ätiologie, damit ist gemeint:
Die alttestamentliche Bibel thematisiert nicht den Ursprung des Menschen oder die genauen Abläufe, sondern fokussiert sich auf die Frage nach dem Sinn des Menschseins, seinem Verhältnis zur Umwelt und zu Mitmenschen. Dabei steht nicht die Klärung wissenschaftlicher Fakten im Vordergrund, obwohl die Autoren sich bemühten, das Wissen ihrer Zeit angemessen zu berücksichtigen (vgl. Schüngel-Straumann 2015, S. 165).

„Erkenntnisfähigkeit – und damit auch Lernfähigkeit – sind bekanntermaßen bereits als grundsätzliche Fähigkeit des Menschen, die ihn von den Tieren, nicht aber von Gott unterscheidet, zentrales Thema der Paradieserzählung (Gen 2f). Die Unterscheidungsfähigkeit von ‚richtig/falsch' bzw. ‚gut/böse' (Botterweck, 1982, S. 486–512, 495) wird dem Menschen in Leserichtung der Bibel von Beginn an beigegeben und dient dann nicht zuletzt auch als Maßstab seiner grundsätzlichen Verantwortlichkeit für sein Tun und Lassen. Der Übergang vom Nicht-Erkennen (schuldunfähig) zum Erkennen (schuldfähig) ist im hebräischen Text der Paradieserzählung dabei bezeichnend markiert: ‚Da sah die Frau, dass es köstlich wäre, von dem Baum zu essen, dass der Baum eine Augenweide war und dazu verlockte, klug zu werden. Sie nahm von seinen Früchten und aß; sie gab auch ihrem Mann, der bei ihr war, und auch er aß. Da gingen beiden die Augen auf, und sie erkannten, dass sie nackt waren. Sie hefteten Feigenblätter zusammen und machten sich einen Schurz.' (Gen 3,6–7a) Die bekannte Szene beschreibt, wie der zunächst noch als kindlich vorgestellte Mensch von einem allein sinnlich wahrnehmenden Wesen (‚sehen', ‚verlockt' werden) zu einem ‚erkennenden' (jada), reflektierenden und schließlich die Situation und wahrnehmenden Menschen wird. Der Jonas Text wird nicht zitiert, sondern zusammengefasst – Grundlage ist aber selbstverständlich der Jonas Text, Sebastian Grätz: Von der Fachwissenschaft zur bewertenden und verantwortenden Wesen (Feigenblätter als Lendenschurz) wird" (Grätz 2024, S. 74f).
„Die biblisch-hebräische Sprache der Erzählung lädt die Erkenntnis erotisch auf. Das hebräische Wort für „Erkenntnis" (da'at) meint sowohl die intellektuelle Fähigkeit des Begreifens als auch das beziehungshafte Erkennen bis hin zum sexuellen Akt, z.B. in Gen 4,1: „Und Adam erkannte Eva, sie wurde schwanger und sie gebar ..." Es gibt so etwas wie einen Eros des Erkennens" (Bibel heute 2015, S. 10).

© Calwer Verlag GmbH

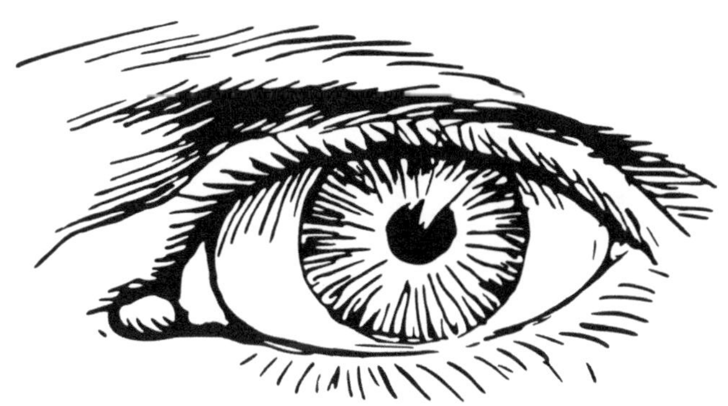

Aufgaben:
1. Lesen Sie den Text.
2. Notieren Sie zwei neue Erkenntnisse, die Sie im Hinblick auf den Bibeltext gewonnen haben.
3. Stellen Sie Ihre Erkenntnisse im Plenum vor.
4. Zeigen Sie Konsequenzen auf, die sich ausgehend von den neu gewonnenen Erkenntnissen für Sie ergeben.

Grafik: pixabay.com/OpenClipart-Vectors

M 5.2f Die Frau wird aus der Seite des gleichen Wesens geschaffen

Wie ist der Text gemeint? Gen 2,4bf ist eine sogenannte Ätiologie, damit ist gemeint:
Die alttestamentliche Bibel thematisiert nicht den Ursprung des Menschen oder die genauen Abläufe, sondern fokussiert sich auf die Frage nach dem Sinn des Menschseins, seinem Verhältnis zur Umwelt und zu Mitmenschen. Dabei steht nicht die Klärung wissenschaftlicher Fakten im Vordergrund, obwohl die Autoren sich bemühten, das Wissen ihrer Zeit angemessen zu berücksichtigen (vgl. Schüngel-Straumann 2015, S. 165).

Nachdem Gott festgestellt hatte, dass es für 'adam nicht gut ist, allein zu sein, und der Versuch mit den Tieren erfolglos war, baute er die Frau aus der Seite von *'adam*, „dem geschlechtlich noch nicht bestimmten Menschen" (Schüngel-Straumann 2015, S. 118).

Erst „durch die Erschaffung der Frau wird nun aus ʹadam ein Mann, und er begrüßt die Frau auch mit großer Freude. Der Zweck, der Einsamkeit abzuhelfen, ist also erreicht" (Schüngel-Straumann 2014, S. 146).
Durch diese eben beschriebene „bildhafte Weise versucht der Verfasser ein Phänomen zu erklären, das er vorfindet, und das ihn auch in Erstaunen versetzt: die enge Verbindung von Mann und Frau, obwohl in der eigenen konkreten Wirklichkeit dem so vieles entgegen steht" (Schüngel-Straumann 2014, S. 149). Wie Schüngel-Straumann (2014) darlegt, zielt das jeweilige Material nicht auf eine Hierarchie der Geschlechter oder deren Ungleichwertigkeit ab, sondern hat zum Ziel, die beschriebene Verbindung zwischen Mann und Frau zu erklären.

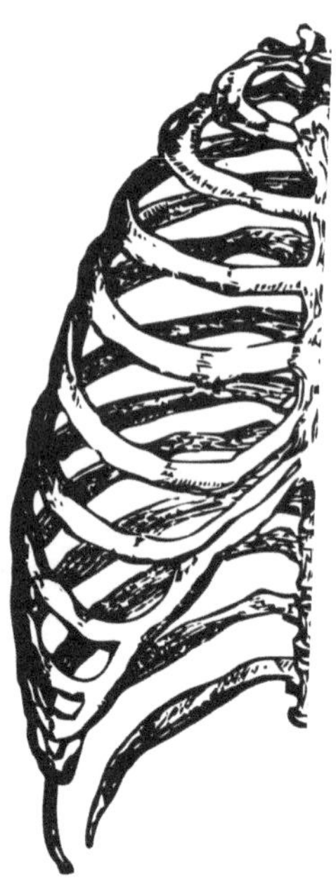

© Calwer Verlag GmbH

Aufgaben:

1. Lesen Sie den Text.
2. Notieren Sie zwei neue Erkenntnisse, die Sie im Hinblick auf den Bibeltext gewonnen haben.
3. Stellen Sie Ihre Erkenntnisse im Plenum vor.
4. Zeigen Sie Konsequenzen auf, die sich ausgehend von den neu gewonnenen Erkenntnissen für Sie ergeben.

Grafik: pixabay.com/B0red

Genesis 3 – Die Verbannung aus dem Paradies (BasisBibel)

1 Die Schlange war schlauer
als alle anderen Tiere des Feldes,
die Gott der HERR gemacht hatte.
Sie sagte zu der Frau:
„Hat Gott wirklich gesagt,
dass ihr von keinem der Bäume
im Garten essen dürft?"
2 Die Frau erwiderte der Schlange:
„Von den Früchten der Bäume im Garten
dürfen wir essen.
3 Nur die Früchte von dem Baum,
der in der Mitte des Gartens steht,
hat Gott uns verboten.
Er hat gesagt:
‚Esst nicht davon,
berührt sie nicht einmal,
sonst müsst ihr sterben!'"
4 Die Schlange entgegnete der Frau:
„Ihr werdet ganz bestimmt nicht sterben.
5 Denn Gott weiß:
Sobald ihr davon esst,
gehen euch die Augen auf.
Ihr werdet wie Gott sein
und wissen, was Gut und Böse ist."
6 Da sah die Frau, dass dieser Baum
zum Essen einlud.
Er war eine Augenweide und verlockend,
weil er Klugheit versprach.
Sie nahm eine Frucht und biss hinein.
Dann gab sie ihrem Mann davon, und auch er aß.
7 Da gingen den beiden die Augen auf,
und sie erkannten, dass sie nackt waren.
Sie banden Feigenblätter zusammen
und machten sich Lendenschurze.
8 Als am Abend ein kühler Wind blies,
ging Gott der HERR im Garten umher.
Der Mann und seine Frau hörten ihn kommen.
Da versteckten sie sich vor Gott dem HERRN
zwischen den Bäumen im Garten.
9 Gott der HERR rief den Menschen
und fragte: „Wo bist du?"

10 Der Mensch antwortete:
„Ich habe dich im Garten gehört
und Angst bekommen.
Ich habe mich versteckt, weil ich nackt bin."
11 Gott fragte:
„Wer hat dir gesagt, dass du nackt bist?
Hast du von dem verbotenen Baum gegessen?"
12 Der Mensch entgegnete:
„Die Frau, die du mir zur Seite gestellt hast,
hat mir davon gegeben, und ich habe gegessen."
13 Da fragte Gott der HERR die Frau:
„Was hast du getan?"
Die Frau erwiderte:
„Die Schlange hat mich dazu verführt,
und ich habe gegessen."
14 Da sagte Gott der HERR zur Schlange:
„Weil du das getan hast, sollst du verflucht sein –
unter allem Vieh und allen Tieren auf dem Feld!
Auf dem Bauch wirst du kriechen
und Staub fressen dein Leben lang.
15 Ich stifte Feindschaft zwischen dir und der Frau,
zwischen ihrem und deinem Nachwuchs.
Er wird dir den Kopf zertreten,
und du wirst ihn in die Ferse beißen."
16 Zur Frau sagte er:
„Jedes Mal, wenn du schwanger bist,
wirst du große Mühen haben.
Unter Schmerzen wirst du Kinder zur Welt bringen.
Es wird dich zu deinem Mann hinziehen,
aber er wird über dich bestimmen."
17 Und zum Mann sagte er:
„Du hast auf deine Frau gehört
und von dem Baum gegessen.
Ich hatte dir aber verboten, davon zu essen.
Daher soll der Erdboden deinetwegen verflucht sein!
Dein Leben lang musst du dich abmühen,
um dich von ihm zu ernähren.
18 Dornen und Disteln wird er hervorbringen,
du musst aber von den Pflanzen des Feldes leben.
19 Im Schweiße deines Angesichts wirst du
Brot essen, bis du zum Erdboden zurückkehrst.
Denn aus ihm bist du gemacht:
Staub bist du und zum Staub kehrst du zurück."

20 Der Mensch, Adam, gab seiner Frau
den Namen Eva, das heißt: Leben.
Denn sie wurde die Mutter aller Lebenden.
21 Gott der HERR machte für Adam und
seine Frau Kleider aus Fellen.
Die zog er ihnen an.

BasisBibel, © 2021 Deutsche Bibelgesellschaft, Stuttgart

© Calwer Verlag GmbH

Genesis 3 – Die Verbannung aus dem Paradies (BasisBibel)

22 Dann sprach Gott der HERR:
„Nun ist der Mensch wie einer von uns geworden
und weiß, was gut und böse ist.
Er soll seine Hand nicht ausstrecken
und auch noch Früchte vom Baum
des Lebens pflücken.
Er darf sie nicht essen, sonst lebt er für immer."
23 Da schickte Gott der HERR ihn
aus dem Garten Eden weg.
Er musste von nun an den Ackerboden bearbeiten,
aus dem er gemacht war.

24 Gott jagte den Menschen fort.
Östlich des Gartens Eden
stellte er Kerubim und das lodernde
Flammenschwert auf.
Die sollten den Zugang zum
Baum des Lebens bewachen.

BasisBibel, © 2021 Deutsche Bibelgesellschaft, Stuttgart

© Calwer Verlag GmbH

Aufgaben:
1. Lesen Sie den Bibeltext.
2. Schreiben Sie auf das Arbeitsblatt (**M 5.2a**) Ihre Fragen/Assoziationen zum Text auf.
3. Kennen Sie Erfahrungen, die auch der Text erzählt?
4. Besprechen Sie sich mit Ihren Gruppenmitgliedern über Ihre Fragen/Assoziationen.
5. Notieren Sie zwei Ihrer Fragen/Assoziationen auf den beigefügten Blättern (**M 5.2b**). Einigen Sie sich in der Gruppe.
6. Stellen Sie im Plenum Ihre Ergebnisse vor.
7. Bearbeiten Sie im Anschluss ein weiterführendes Informationsblatt **M 5.3b–M 5.2f**.

M 5.3b Die Schlange

Die Schlange wird in Gen 3,1 „ausdrücklich als Geschöpf Gottes bezeichnet (Deutungen der Schlange als Symbol des Bösen, Satanischen oder als Wurzel allen Übels sind daher [...] abzulehnen)" (Riede 2006, S. 1196). Schüngel-Straumann (2015) weist darauf hin, dass die Schlange in mythologischen Texten vorkommt und ein Symbol für Weisheit ist. In Bezug auf Weisheit „kann niemand behaupten, dass [das] Streben nach [...] [dieser] oder der Wunsch, klug zu werden, [...] etwas Verbotenes, etwas Schlechtes!" (Schüngel-Straumann 2015, S. 159) sei.

In der Kunst finden sich Darstellungen von Eva und der Schlange, die den Mann verführen (vgl. Bibel heute 2015, S. 13). Hierdurch entsteht das Bild der „Frau als verführte Verführerin [wodurch Eva selbst ...] quasi [...] zur „Schlange" [wird]" (ebd.). Diese „geballte Weiblichkeit" (Bibel heute 2015, S. 13) lässt sich jedoch nicht aus Genesis 3 ableiten, denn „das allgemeine Wort für Schlange, hebräisch nachasch (grammatisch männlich)" (Schroer 2010, S. 122) ist. „Was aber bewog die biblischen Erzähler, hier von der Verführung durch eine Schlange zu erzählen? Die Schlange ist ein vielschichtiges Symbol" (Bibel heute 2015, S. 13). Es gibt Erzählungen darüber, wie die Schlange einem Helden das Kraut des ewigen Lebens stiehlt (vgl. ebd.) und die Erzählung aus dem „alten Ägypten [...], dass der Geist der Götter in den Schlangen wohne, weshalb diese als besonders weise angesehen wurden" (vgl. Bibel heute 2015, S. 13).

© Calwer Verlag GmbH

Aufgaben:

1. Lesen Sie den Text.
2. Notieren Sie zwei neue Erkenntnisse, die Sie im Hinblick auf den Bibeltext gewonnen haben.
3. Stellen Sie ihre Erkenntnisse im Plenum vor.
4. Zeigen Sie Konsequenzen auf, die sich ausgehend von den neu gewonnenen Erkenntnissen für Sie ergeben.

Grafik: pixabay.com/OpenClipart-Vectors

M 5.3c Eva in Genesis 3

„Noch mehr als Gen 2 ist Gen 3 gegen die Frau interpretiert worden. Die beiden Kapitel müssen jedoch als zwei Parallelen nebeneinander gelesen werden: Gen 2 schildet das Verhältnis von Mann und Frau, wie es sein sollte, Gen 3, wie es tatsächlich ist" (Schüngel-Straumann 2015, S. 119).

Gemäß Schüngel-Straumann (2015) wird in Genesis 3 die Vorstellung verflochten, dass die Frau die größere Schuld an dem Verlust des Paradieses trägt. Doch der Begriff der Sünde/Schuld tritt erstmals durch den Brudermord in Genesis 4 auf, wodurch die Frau durch diese Verflechtung zu Unrecht belastet wird (vgl. Schüngel-Straumann 2015, S. 125).
So lässt sich sagen, dass die im Ersten Testament (oder auch Alten Testament) verwendeten Begriffe für Sünde nicht in der „traditionell als ‚Sündenfall' interpretierte Erzählung Gen 2,4b–3,24" (Biberstein & Bormann 2019, S. 570) vorkommen. Stattdessen bietet diese Erzählung eine Ätiologie des Menschen, also eine Geschichte vom Ursprung des Menschen, die existenzielle Fragen beantworten soll, wie z.B. „Warum müssen wir Menschen sterben?" oder „Weshalb sind Frauen und Männer unterschiedlich?" Die Erzählenden beantworten diese Fragen nicht als Philosoph:innen, sondern als Geschichtenerzähler:innen (vgl. Bibel heute 2015, S. 8). Somit wird der Mensch beschrieben als ein Wesen, das sowohl wissend wie Gott als auch sterblich wie die Tiere ist. „Infolgedessen ist der Mensch in seiner Stellung dem Paradies entfremdet, denn erst die spätere Erzählung vom Mord Kains an Abel" (vgl. Biberstein & Bormann 2019, S. 570) beinhaltet das Fachwort, das im Ersten Testament (AT) als Sünde qualifiziert wird. Hinzu kommt, dass „das (verbotene) Genießen der Frucht des Baumes [...] [wie schon erwähnt] zu ‚Erkenntnis' [führt], gleichzeitig aber zu einer Distanzierung des Menschen von Gott" (Fischer 2018, S. 192). Dies beinhaltet auch, wie Fischer (2018) hinweist, selbst an Gottes Stelle treten zu wollen.
Ein weiterer Aspekt, „[d]ass der Verfasser die Frau und nicht den Mann unter den Baum stellt, ist im Zusammenhang der altorientalischen Ikonographie zu sehen: Oft sind Baum und Frau, Baum und Göttin miteinander verbunden, und der Akt des Zu-Essen-Gebens ist eine Sache der Frauen, sie sind für die Ernährung zuständig. [... D]amit ist diese Zusammenstellung zunächst wertfrei" (Schüngel-Straumann 2015, S. 54).

© Calwer Verlag GmbH

Aufgaben:
1. Lesen Sie den Text.
2. Notieren Sie zwei neue Erkenntnisse, die Sie im Hinblick auf den Bibeltext gewonnen haben.
3. Stellen Sie Ihre Erkenntnisse im Plenum vor.
4. Zeigen Sie Konsequenzen auf, die sich ausgehend von den neu gewonnenen Erkenntnissen für Sie ergeben.

Grafik: pixabay.com/ArtRose

M 5.3d Essen der Frucht und ihre Konsequenzen

Die Schöpfungsberichte und der sogenannte Sündenfall versuchen unter anderem folgenden Fragen nachzugehen: „Warum muss der Mensch seinen Lebensunterhalt durch schweißtreibende Arbeit verdienen? Warum werden Kinder unter Schmerzen von ihren Müttern geboren? Warum verkehrt sich Partnerschaft in Herrschaft? Warum wird jedes Leben unbarmherzig vom Tod begrenzt?" (Böttrich 2018, S. 288).

Das Bild von Eva mit einem Apfel ist geläufig. Allerdings wird in Genesis 3,2 nicht explizit von einem Apfel gesprochen, sondern es ist lediglich von einer Frucht die Rede (vgl. Bibel heute 2015, S. 15). Der Apfel kam „über die lateinische Übersetzung in die Bibel. Der Baum der Erkenntnis von Gut und Böse heißt dort: *lignum scientiae boni et mali*. Das Böse ist im Lateinischen *malum. Malum* ist aber auch das lateinische Wort für ‚Apfel'!" (Bibel heute 2015, S. 15). Nachdem der Mensch das Verbot vom Baum der Erkenntnis zu essen übertreten hat, wird dieser „von Gott angesprochen, ja gerufen [Wo bist du?] (Gen 2,16; 3,9.16f), zur Verantwortung gezogen, muss ihm Rechenschaft geben und kann ihm handelnd und glaubend entsprechen. Das Recht, allen Dingen einen Namen zu geben (Gen 2,9), ist Ausdruck der besonderen Beziehung zu Gott" (Moxter 2018, S. 144). Hierdurch wird deutlich, dass der Mensch „biblisch als ein Wesen gesehen [wird], das Verantwortung für sein Tun übernehmen kann und übernehmen muss, auch wenn er dies nicht immer bereitwillig tut. Er ist ein verantwortungspflichtiges aber eben auch verantwortungsfähiges Wesen" (Schweitzer 2022, S. 425). Damit steht der Mensch als ein Antwortender im Blickpunkt des christlichen Menschenbilds. Dalferth (2019) betont, dass nur der Mensch (Adam und Eva) die Fähigkeit zur Verantwortung hat. Die Schlange wird nicht gefragt, sondern bestraft (Genesis 3,13–15). Tiere müssen sich nicht verantworten (Dalferth 2019, S. 51).

© Calwer Verlag GmbH

Aufgaben:

1. Lesen Sie den Text.
2. Notieren Sie zwei neue Erkenntnisse, die Sie im Hinblick auf den Bibeltext gewonnen haben.
3. Stellen Sie Ihre Erkenntnisse im Plenum vor.
4. Zeigen Sie Konsequenzen auf, die sich ausgehend von den neu gewonnenen Erkenntnissen für Sie ergeben.

Grafik: pixabay.com/Clker-Free-Vector-Images

M 5.3e Verfluchungen / „Strafsprüche"

„Die drei Sprüche sind ‚ätiologisch', das heißt, sie wollen etwas erklären, was der Verfasser in seiner Wirklichkeit vorfindet" (Schüngel-Straumann 2014, S. 172).

Der Verfasser schildert die Zustände, die „er in seiner Zeit vorfindet: die mühselige und oft vergebliche Arbeit auf dem Ackerboden und die Beschwerden der Frau bei Schwangerschaften und Geburten, sodann die Herrschaft des Mannes über die Frau" (Schüngel-Straumann 2015, S. 54) und „das Kriechen der Schlange auf dem Bauch" (vgl. Fischer 2018, S. 248). Die Zielrichtung dieser „Sprüche" ist nicht die Veränderung des Lebens, sondern diese Tatsachen werden „durch den Verlust des Vertrauens auf Gott anders wahrgenommen (die Augen waren ihnen aufgegangen). [...] Alles, was der Verfasser hier darstellt, sind Tatsachen, die das Leben schwer machen. Sie sind also nicht gut" (Schüngel-Straumann 2014, S. 172).

Insgesamt kann man nur zweimal von einer tatsächlichen Verfluchung sprechen. Die erste Verfluchung wird über die Schlange ausgesprochen und die zweite über die adamah, also den Erdboden (vgl. Schüngel-Straumann 2014, S. 172f). Zudem werden die Reaktionen Gottes „in V. 14–19 [...] vielfach als ‚Bestrafungen' aufgefasst; wesentlich stärker jedoch sind die Aspekte des Zusprechens der Folgen schlechten Handelns und des Eindämmens von Schaden" (Fischer 2018, S. 269).

© Calwer Verlag GmbH

Aufgaben:

1. Lesen Sie den Text.
2. Notieren Sie zwei neue Erkenntnisse, die Sie im Hinblick auf den Bibeltext gewonnen haben.
3. Stellen Sie Ihre Erkenntnisse im Plenum vor.
4. Zeigen Sie Konsequenzen auf, die sich ausgehend von den neu gewonnen Erkenntnissen für Sie ergeben.

Grafik: pixabay.com/OpenClipart-Vectors

M 5.4 Tu BiSchwat – Vom Neujahr der Bäume

„Der Talmud schreibt, dass es im Judentum vier Arten von Jahresanfängen gibt: den 1. Nissan (im März/April) für das Königtum – an diesem Tag wurden die Könige Israels gekrönt und ihre Regierungsjahre gezählt. Dann gibt es den 1. Elul (August/September) für die Zehntelabgabe des Viehs, den 1. Tischri (September/Oktober) für das landwirtschaftliche Jahr sowie als Gedenken der Erschaffung der Welt. Und dann ist da noch der 15. Schwat (Januar/Februar), das Neujahrsfest der Bäume, Tu Bischwat (Rosch Haschana 2a).

Man fragt sich: Was haben die Bäume Besonderes getan, dass ihnen ein eigenes Neujahrsfest zukam? Als die Bäume sahen, dass die Menschen Neujahr begehen, sagten sie: ‚Der Mensch ist wie ein Baum des Feldes, und auch der Baum ist wie der Mensch. Da wäre es doch nur natürlich, dass auch die Bäume ein Neujahr bekommen sollten!' Im Himmel nahm man die Bitte der Bäume entgegen und fragte sie: ‚Wann soll euer Neujahr sein?' Sie antworteten: ‚Wir brauchen Wasser, es soll also im Zeichen des Wassermanns sein, im Monat Schwat.'

PFLANZEN Wir lesen in der Tora: ‚Wenn ihr das Land in Besitz nehmt, sollt ihr Obstbäume pflanzen' (3. Buch Mose 19,23). Und im Midrasch sagt der Ewige: ‚Wenn ihr ein Land voller guter Dinge vorfindet, sollt ihr nicht sagen: ›Wir werden müßig sein und nicht pflanzen‹, sondern so wie ihr das Land betreten habt und dort Bäume gefunden habt, die von anderen gepflanzt worden sind, so sollt ihr auch für eure Nachkommen pflanzen' (Wajikra Rabba 25).

In der Erzählung von Adam und Chawa (Eva) lesen wir von einem Baum der Weisheit: ‚Und die Schlange [...] sprach zu der Frau: ›Ja, sollte G'tt gesagt haben: Ihr sollt nicht essen von den Früchten der Bäume im Garten?‹ Da sprach die Frau zu der Schlange: ›Wir essen von den Früchten der Bäume im Garten (Eden), aber von den Früchten des Baumes mitten im Garten hat uns G'tt gesagt: Esst nicht davon, rührt sie auch nicht an, damit ihr nicht sterbt!‹ Da sprach die Schlange zu der Frau: ›Ihr werdet mitnichten des Todes sterben; sondern G'tt weiß, dass an dem Tag, da ihr davon esst, eure Augen aufgetan werden, und ihr werdet sein wie G'tt und werdet wissen, was gut und böse ist.‹ Da sah die Frau, dass von dem Baum gut zu essen wäre [...], weil er klug machte; und sie nahm von der Frucht und aß und gab auch ihrem Mann davon, und er aß' (1. Buch Mose 3,1–10).

„Obwohl Tu bi-Schwat eigentlich lediglich die Neujahrserzählung für die neu gepflanzten Bäume ist, hat sich zu diesem Datum – vor allem ausgehend von Israel – eine eigene Zeremonie herausgebildet, bei der insbesondere in jüdische Kindergärten und Schulen ein ‚Tu bi-Schwat-Seder' mit verschiedenen Früchten (mit mindestens den sog. ‚sieben Arten'; Dtn 8,8) gefeiert wird" (Liss 2019, S. 160).

Grafik (Notizzettel): pixabay.com/Buecherwurm_65

Was war das für eine Frucht, von der Adam und Chawa (Eva) aßen? Nach einigen Meinungen handelte es sich um Feigen, nach anderen um Äpfel, nach wieder anderen um Granatäpfel und nach einer vierten Meinung um einen Etrog, einen Paradiesapfel (Midrasch Bereschit Rabba 15,7).

FEIGEN Indem wir an Tu Bischwat unter anderem Feigen essen, zeigen wir unsere besondere Beziehung zu Israel. Denn die Feige gehört zu den sogenannten sieben Arten des Landes, wie wir in der Tora lesen: ‚Ein Land des Weizens und der Gerste, des Weinstocks, des Feigenbaums und des Granatapfels, ein Land der Olive und des Honigs' (5. Buch Mose 8,8).

Im Talmud lesen wir auch in der Geschichte von Noach in der Arche von Feigen: Noachs Söhne wachten über die Tiere, damit sie sich nicht gegenseitig auffraßen. Noachs Sohn Schem wachte über die Haustiere, Cham über die Vögel und Jafet über die restlichen Tiere. Jedes Tier wurde mit einer anderen Feigensorte gefüttert (Sanhedrin 108b).

Nach anderen Angaben ernährten sich sowohl die Tiere als auch die Menschen in der Arche von getrockneten Feigen (Midrasch Bereschit Rabba 31,14). Hinzu kommt interessanterweise, dass Feigen die ersten Früchte waren, die später im Heiligtum als Zehntelabgabe dargebracht wurden.

So mag es also kein Zufall sein, dass auch das biblische Buch Mischle, die Sprüche König Salomos, die Feige erwähnen: ‚Wer seinen Feigenbaum pflegt, wird auch dessen Früchte ernten' (27,18)."

© Jüdische Allgemeine

Aufgaben:

1. Geben Sie den Anlass von Tu Bischwat wieder.
2. Setzen Sie Tu Bischwat mit Umweltschutz bzw. Baumpflege in Beziehung.

© Calwer Verlag GmbH

Die jüdische Tradition fordert den verantwortungsvollen Umgang mit der Umwelt

Das Judentum und seine zentralen Lehren, nämlich die Tora und deren Auslegungskompendium, der Talmud, enthalten eine Vielzahl von Weisungen und Geboten, die sich direkt oder indirekt mit dem Verhältnis des Menschen zu Umwelt und Natur beschäftigen. Sie zeugen von einem geschärften Bewusstsein für den sorgsamen, schonenden und respektvollen Umgang mit der Umwelt und bilden gewissermaßen das historisch erste niedergeschriebene Naturschutzrecht.
Gerade in Zeiten, in denen angesichts einer galoppierenden Klimaerwärmung ein Krisengipfel den nächsten jagt und in denen die fortschreitende Globalisierung ebenso wie die weltweite Industrialisierung und Wohlstandsmehrung zu einer rücksichtslosen Ausbeutung natürlicher Ressourcen führen, lohnt sich ein Blick auf die jüdischen Traditionen zum verantwortungsvollen Umgang mit unserer Umwelt.
Schon gleich zu Beginn des Buches Bereschit, dem ersten der fünf Bücher Moses, wird die Pflicht zum sorgsamen Umgang mit unserer Umwelt als zentraler Bestandteil jüdischer Ethik formuliert. Dort heißt es „Seid fruchtbar und mehret euch und füllet die Erde und machet sie euch untertan", wobei die etwas seltsam gewählte Formulierung des „Untertanmachens" laut unseren Weisen nichts anderes bedeuten soll, als dass der Mensch die Erde gebrauchen, aber nicht missbrauchen darf.

NUTZEN Der Mensch ähnelt also einem Pächter oder besser Verwahrer, der zwar Nutzen aus dem verwahrten Gut ziehen, es aber in seiner Existenz keinesfalls gefährden darf. Er soll sorgsam damit umgehen und sich stets der Tatsache bewusst sein, dass er das Verwahrte vielleicht irgendwann wieder zurückgeben muss.
Der restlose und hemmungslose Verbrauch natürlicher Ressourcen ist ebenso strikt verboten wie eine umfassende Umweltverschmutzung und -zerstörung. Der Mensch ist Beauftragter G'ttes und in dieser Eigenschaft Bewahrer und Behüter der größten aller Schöpfungen: der Welt.
Dieser Gedanke und die mitunter vorgebrachte Annahme, dass die Menschheit als Partner G'ttes zu einer Verbesserung der Welt und damit des g'ttlichen Schöpfungswerkes beitragen soll, wird durch einen Abschnitt im Talmud ausgedrückt. Danach führte G'tt den Menschen in der Stunde, in der er ihn erschaffen hatte, vorbei an allen Bäumen des Gartens Eden und verkündete: „Sieh meine Schöpfungen, wie schön und wundervoll sie sind. Alles, was ich geschaffen habe, habe ich nur für dich getan. Bedenke dies und zerstöre und vernachlässige nicht meine Welt. Denn wenn du sie erst zerstört hast, ist nach dir keiner mehr da, der sie wieder reparieren kann."

PRINZIPIEN Ein weiteres Gebot, oder besser gesagt, Verbot, das die mutwillige Zerstörung natürlicher Güter behandelt, ist das sogenannte Bal Taschchit, was übersetzt so viel bedeutet wie „Zerstöre nicht". Das aus den Kriegsvorschriften des 5. Buch Moses, Kapitel 20, stammende Prinzip verbietet im Kern die mutwillige Zerstörung von lebenden Objekten, also Lebewesen ebenso wie Pflanzen und Bäumen, aus denen ein anderer noch Nutzen ziehen kann. Ein kluges und humanes Prinzip, das später auch auf nicht lebende Objekte ausgeweitet wurde und das gerade wegen seines Ursprungs als Verhaltenskodex während kriegerischer Auseinandersetzungen besondere Anerkennung verdient.
Doch neben diesem, durch umfangreiche Diskussion und Auslegung zu einem allgemeinen Grundsatz erhobenen Prinzip finden sich in der Tora weitere Vorschriften, die unser Verhältnis zu Umwelt und Natur klar definieren und den Umgang des Menschen mit dem ihm überlassenen Boden durch ganz konkrete Handlungsanweisungen beschreiben.
So finden wir etwa im 3. Buch Moses, Kapitel 25, die Anordnung einer stetig wiederkehrenden Ruhephase für das durch den Menschen bewirtschaftete Land: „So ihr in das Land kommt, das ich euch gebe, so feiere das Land eine Feier des Ewigen. Sechs Jahre besäe dein Feld und sechs Jahre beschneide deinen Weinstock und sammele seinen Ertrag ein. Aber im siebten Jahre sei eine Schabbatfeier für das Land, eine Feier des Ewigen; dein Feld sollst du nicht besäen und deinen Weinstock nicht beschneiden. Den Nachwuchs deiner Ernte sollst du nicht ernten und die Trauben deiner ungepflegten Weinstöcke sollst du nicht lesen; ein Feierjahr sei für das Land."

SCHÖPFUNG Die seinerzeit bahnbrechende Einführung eines wöchentlichen Ruhetages, des Schabbat, in Anerkennung des Schöpfungswerks und damit das grundlegende Verhältnis von Arbeits- und Ruhephasen sowie Schöpfungsprozess und Einmaligkeit des Schöpfers, wurden auf das Verhältnis des Menschen zu dem von ihm bewirtschafteten Land übertragen. Das jeweils siebte Jahr – das sogenannte Schmittajahr oder Schabbatjahr – soll dem Boden eine Ruhepause gönnen. Er soll sich regenerieren können und neue Kraft erlangen. Und gleichzeitig sollen wir uns der Hoheit G'ttes über das Land und dessen Ertrag bewusst werden. Ich wüsste nicht, dass es in irgendeiner anderen Religion ein vergleichbares Gesetz gibt,

© Calwer Verlag GmbH

welches das Verhältnis zwischen Mensch, G'tt und Schöpfung in ähnlichem Maße regelt.
Und schließlich ist da noch Tu Bischwat, das Neujahrsfest der Bäume, das wir Juden jedes Jahr am 15. des Monats Schewat, also meist im Januar oder Februar, feiern und das unser Verhältnis zu Natur, Umwelt und Schöpfung eindrücklich prägt.
Ursprünglich diente der 15. Schewat, der das Ende der viermonatigen israelischen Regensaison markiert, dazu, die jährliche Pflichtabgabe eines Teils des Obstertrages zu bestimmen. Außerdem war dieses Datum entscheidend für die sogenannten Orla-Vorschriften, wonach einem Baum drei Jahre ungestörten Wachstums zu gewähren sind, bevor seine Früchte im vierten Jahr geerntet werden dürfen. Die Bäume wurden daher am 15. Schewat gepflanzt, sodass die Geburtstage der Bäume nur allzu leicht zu bestimmen waren.

GEDENKTAG Nach der Zerstörung des Tempels im Jahre 70 und der Verstreuung der Juden in alle Welt verlor das Fest scheinbar seine Existenzgrundlage. Übrig blieb über beinahe zwei Jahrtausende ein Gedenktag, dessen Bezugspunkte, nämlich nationaler Boden, die darauf wachsenden Bäume und der Tempel nicht mehr in jüdischem Besitz oder gar zerstört waren. Was blieb, war ein nahezu entkleideter Gedenktag, der durch die Erinnerung und den gemeinsamen Verzehr exotischer Früchte aus dem heiligen Land fortexistierte.
Doch spätestens seit der Besiedelung Palästinas Anfang des 20. Jahrhunderts und der Gründung des Staates Israel 1948 wurde auch dem Feiertag Tu Bischwat als Fest der Natur und der Bäume neues Leben eingehaucht. Dieser Feiertag ist zum Sinnbild der Aufforstung und Begrünung Israels geworden, dessen öde und trockene Landstriche seit Jahrzehnten mit viel Arbeit, Kraft und Engagement zum Blühen gebracht wurden und wo mithilfe des israelischen Nationalfonds und mit finanzieller Unterstützung von Juden aus aller Welt Millionen von Bäumen gepflanzt wurden und weiterhin gepflanzt werden.
Gerade in Israel machen sich Schulkinder mit ihren Klassen an Tu Bischwat auf, um feierlich Samen zu setzen und Stecklinge einzupflanzen, während wir hierzulande die Erstlingsfrüchte Israels wie Oliven, Datteln, Feigen, Trauben und Granatäpfel genießen und G'tt mit Segenssprüchen für diese Früchte danken. Daneben schärfen wir unser Bewusstsein für die Wunder dieser Welt und feiern das Neujahrsfest und den Geburtstag der Bäume, von denen die Tora sagt, dass sie dem Menschen gleichen.

WACHSTUM Der frühere Frankfurter Rabbiner Ahron Daum griff dieses Gleichnis in seinem Buch Die Feiertage Israels auf und schrieb: „Am Anfang ist der Baum zart und klein. Er wächst, bekommt Blätter und Früchte, strebt in die Höhe und glaubt, den Himmel zu erreichen, doch muss auch er erfahren, dass ihm Grenzen gesetzt sind. Seine Früchte und sein Laub werden mit der Zeit spärlicher, der Stamm wird anfälliger und schwächer, ein leichter Windstoß schon kann ihn umstürzen, und er verschwindet. Doch er hinterlässt Setzlinge, in denen sich sein Werk fortsetzt.
Das Gleiche geschieht mit dem Menschen. Auch er wird klein, zart und schwach geboren, er wächst, blüht, schafft und glaubt, die Welt zu erobern, doch Sorgen, Krankheiten und das Alter zermürben ihn. Er wird alt, müde und leidend und stirbt schließlich. Doch hinterlässt er Kinder, die sein Werk fortsetzen und sein Andenken nicht der Vergessenheit anheimfallen lassen.“
Gerade wir Juden sollten uns stets vergegenwärtigen, dass wir nur dann kraftvoll wachsen können, wenn unsere Wurzeln fest mit dem Boden und damit tief in unserer jahrtausendealten Religion und Tradition verankert sind. Und dann ist der behutsame und respektvolle Umgang mit unserer Umwelt und der Natur ebenso wie mit unserem Schöpfer eine Selbstverständlichkeit. Ganz so, wie es die Tora vorschreibt, die auch Etz chajim, „Baum des Lebens“, genannt wird.

© Jüdische Allgemeine

© Calwer Verlag GmbH

Aufgaben:

1. Benennen Sie die im Text dargelegten Weisungen und Gebote, die sich direkt oder indirekt mit dem Verhältnis des Menschen zu Umwelt und Natur beschäftigen.
2. Nehmen Sie zu der Aussage „wir sind nur Pächter:innen“ Stellung.

Unterrichtseinheit 6: Gesamtreflexion

Abschließend tragen die Schülerinnen und Schüler ihre Lernergebnisse aus den einzelnen Unterrichtsstunden per Placemate in fünf Arbeitsgruppen zusammen und entwickeln auf Basis dessen Handlungsoptionen für den Apfeleinkauf. Des Weiteren entwickeln sie das Verantwortungsnetzwerk weiter oder vollziehen diesen nochmals nach. Daran anschließend wird, wie von Bederna (2022) vorgeschlagen wurde, von der Lehrperson eine theologisierende Gesamtreflexion mit der Frage nach dem „Wie wollen wir leben?“ initiiert. Leitend für die Gesamtreflexion ist **M 6.1** Übersicht der behandelten Einheiten.

Mögliche weitere Impulse:

- ▶ Welche Konsumverantwortung hat jede oder jeder Einzelne?
- ▶ Unternehmensverantwortung im Horizont der Menschenrechte.

Bederna, Katrin (2022): Art. Ernährung. In: Henrik Simojoki und Rothgangel, Martin & Körtner, Ulrich H.J. (Hg.): Ethische Kernthemen. Göttingen: Vandenhoeck & Ruprecht, S. 131–142.

M 6.1 Übersicht der behandelten Einheiten

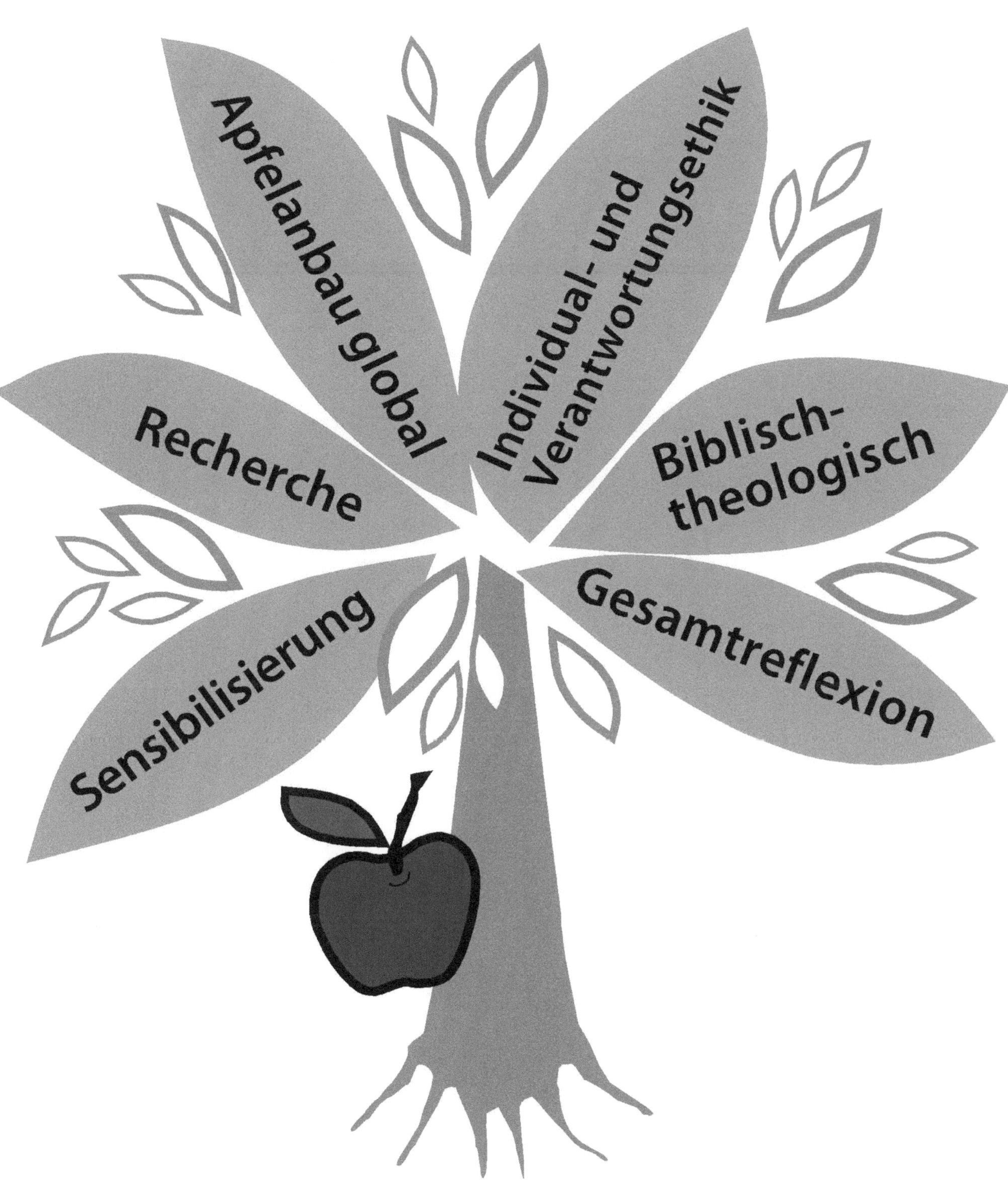

Grafik: Margarete Retzbach

© Calwer Verlag GmbH

M 6.2a Placemate Sensibilisierung

Sensibilisierung

Aufgaben:

1. Finden Sie sich in Kleingruppen ein.
2. Sammeln Sie auf diesem Arbeitsblatt Ihre Lernergebnisse und stellen Sie diese dem Plenum vor.
3. Entwickeln Sie mit Hilfe ihrer erlangten Wissensbestände Handlungsoptionen für den nächsten Apfeleinkauf. Nutzen Sie hierfür **M 6.3a**.

Grafik: Margarete Retzbach

© Calwer Verlag GmbH

M 6.2b Placemate Recherche

Recherche

© Calwer Verlag GmbH

Aufgaben:

1. Finden Sie sich in Kleingruppen ein.
2. Sammeln Sie auf diesem Arbeitsblatt Ihre Lernergebnisse und stellen Sie diese dem Plenum vor.
3. Entwickeln Sie mit Hilfe ihrer erlangten Wissensbestände Handlungsoptionen für den nächsten Apfeleinkauf. Nutzen Sie hierfür **M 6.3a**.

Grafik: Margarete Retzbach

M 6.2c Placemate Apfelanbau global

Apfelanbau global

© Calwer Verlag GmbH

Aufgaben:

1. Finden Sie sich in Kleingruppen ein.
2. Sammeln Sie auf diesem Arbeitsblatt Ihre Lernergebnisse und stellen Sie diese dem Plenum vor.
3. Entwickeln Sie mit Hilfe ihrer erlangten Wissensbestände Handlungsoptionen für den nächsten Apfeleinkauf. Nutzen Sie hierfür **M 6.3a**.

Grafik: Margarete Retzbach

M 6.2d Placemate Individual- und Verantwortungsethik

Individual- und Verantwortungsethik

© Calwer Verlag GmbH

Aufgaben:

1. Finden Sie sich in Kleingruppen ein.
2. Sammeln Sie auf diesem Arbeitsblatt Ihre Lernergebnisse und stellen Sie diese dem Plenum vor.
3. Entwickeln Sie mit Hilfe ihrer erlangten Wissensbestände Handlungsoptionen für den nächsten Apfeleinkauf. Nutzen Sie hierfür **M 6.3a**.

Grafik: Margarete Retzbach

M 6.2e Placemate Biblisch-theologisch

Biblisch-
theologisch

Aufgaben:

1. Finden Sie sich in Kleingruppen ein.
2. Sammeln Sie auf diesem Arbeitsblatt Ihre Lernergebnisse und stellen Sie diese dem Plenum vor.
3. Entwickeln Sie mit Hilfe ihrer erlangten Wissensbestände Handlungsoptionen für den nächsten Apfeleinkauf. Nutzen Sie hierfür **M 6.3a**.

Grafik: Margarete Retzbach

© Calwer Verlag GmbH

M 6.3a Checkliste für den Apfeleinkauf

✓ **Einkauf**

✓ **Personelle Gegenüber**

✓ **Nichtpersonelle Gegenüber**

✓ **Verwendung**

Aufgaben:

1. Nehmen Sie zu den vorgeschlagenen Maßnahmen in einer Gruppendiskussion Stellung.
2. Ergänzen Sie in der Gruppe die Liste mit eigenen Tipps.

Grafik: pixabay.com/7089643 (Notizzettel), geralt (Haken)

© Calwer Verlag GmbH

M 6.3b Potentielle Lösungen für M 6.3a Checkliste für den Apfeleinkauf

Einkauf

- Transport
- Eigener Weg
- Welche Äpfel/Apfelsorte
- Verpackung
- Regional/saisonal
- Preis

Personelle Gegenüber

- Faire Arbeitsbedingungen
- Landgrabbing Schwendemann, Breidt, Verständig

Nichtpersonelle Gegenüber (Fußabdruck)

- Wasserverbrauch
- Boden
- Klima
- Luftverschmutzung
- Diversität

Verwendung

Kreative/Ausschöpfende Verwertung

- Apfelmus
- Apfelkuchen
- SuS suchen in Kochbüchern nach Verwertungsmöglichkeiten

Bookcreator – Kochbuch erstellen

© Calwer Verlag GmbH

Grafik: pixabay.com/7089643 (Notizzettel), geralt (Haken)

M 6.4 Produktions- und Liefernetzwerk von Äpfeln und Produkten aus Äpfeln

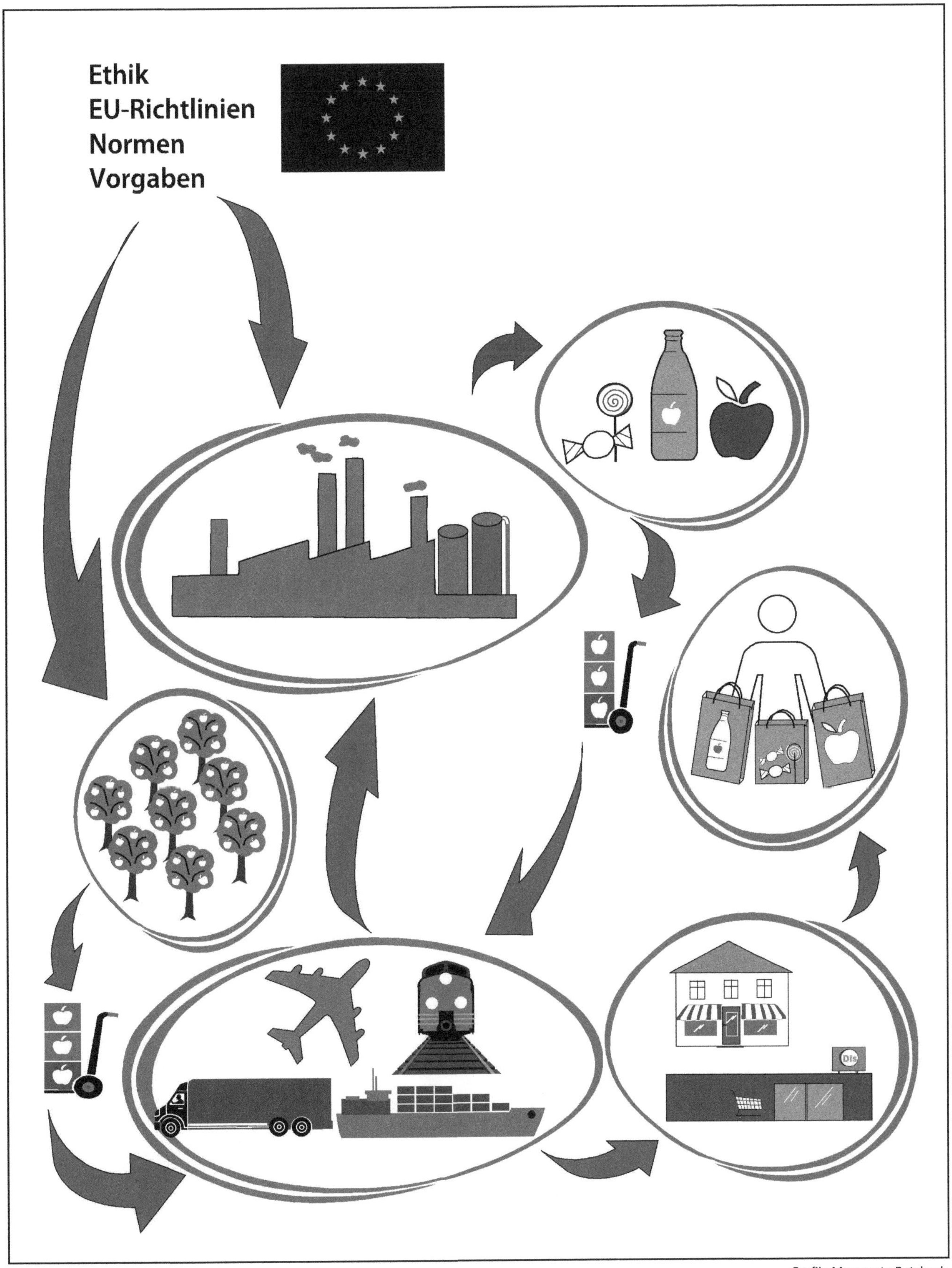

Ethik
EU-Richtlinien
Normen
Vorgaben

Grafik: Margarete Retzbach

© Calwer Verlag GmbH

Literatur

Bauks, Michaela (2013): Art. Schöpfung. In: Fieger, Michael; Krispenz, Jutta & Lanckau, Jörg (Hg.): Wörterbuch alttestamentlicher Motive. Darmstadt: Wissenschaftliche Buchgesellschaft (WBG).

Bederna, Katrin (2022): Art. Ernährung. In: Henrik Simojoki und Rothgangel, Martin & Körtner, Ulrich H.J. (Hg.): Ethische Kernthemen. Göttingen: Vandenhoeck & Ruprecht, S. 131–142.

Bendel, Oliver (2020): Art. Natur https://wirtschaftslexikon.gabler.de/definition/natur-122426/version-376257

Berlejung, Angelika; Frevel, Christian (Hg.) (2009): Handbuch theologischer Grundbegriffe zum Alten und Neuen Testament (HGANT). 2., Aufl. Darmstadt: Wissenschaftliche Buchgesellschaft (WBG).

Berlejung, Angelika; Frevel, Christian (Hg.) (2016): Handbuch theologischer Grundbegriffe zum Alten und Neuen Testament (HGANT). Wissenschaftliche Buchgesellschaft. 5., unveränd. Auflage. Darmstadt: Wissenschaftliche Buchgesellschaft (WBG).

Berlejung, Angelika; Kampling, Rainer (2009): Art. Ethik. In: Angelika Berlejung und Christian Frevel (Hg.): Handbuch theologischer Grundbegriffe zum Alten und Neuen Testament (HGANT). 2., Aufl. Darmstadt: WBG (Wissenschaftliche Buchgesellschaft), S. 12–17.

Bibel heute (2015). Eva und die Schlange. Eva – Lust auf Erkenntnis, 4. Quartal, S. 13.

Biberstein, Klaus & Bormann, Lukas (2019): Art. Sünde. In: Crüsemann, Frank; Hungar, Kristian; Janssen, Claudia et. al. (Hg.) Sozialgeschichtliches Wörterbuch zur Bibel. (S. 570–573, Aufl. 2). Gütersloher.

Böttrich, Christfried (2018): Adam und Eva. In: Zimmermann, Mirjam & Ruben Zimmermann (Hg.): Handbuch Bibeldidaktik. 2. Aufl. Tübingen Mohr Siebeck, S. 287–291.

Botterweck, G.J. (1982). עדי 2. In ders., H. Ringgren, H.J. Fabry (Hg.), THWAT III (S. 486–512, 495). Stuttgart: Kohlhammer.

Dalferth, Ingolf U. (2019): Sünde. Leipzig: Evangelische Verlagsanstalt.

Grätz, Sebastian (2024): Von der Fachwissenschaft zur Fachdidaktik. In: Gojny, Tanja; Schwarz, Susanne & Witten, Ulrike (Hg.): Wie kommt der Religionsunterricht zu seinen Inhalten? (S. 73–83). Bielefeld: Transcript Evangelische Kirche in Deutschland (EKD) (2021): Verantwortung in globalen Liferketten. EKD-Texte 135.

Fischer, Georg (2018): Genesis 1–11. Hg. v. Ulrich Berges, Christoph Dohmen und Ludger Schwienhorst-Schönberger. Freiburg, Basel, Wien: Herder (Herders theologischer Kommentar zum Alten Testament, / begründet von Erich Zenger; hg. von Ulrich Berges, Christoph Dohmen, Ludger Schwienhorst-Schönberger).

Gräb-Schmidt, Elisabeth (2015): Art. Umweltethik. In: Wolfgang Huber, Torsten Meireis und Hans-Richard Reuter (Hg.): Handbuch der evangelischen Ethik. HEE. München: C.H. Beck, S. 649–709.

Holland, Heinrich (2016): Art. Marketing. In: Hübner, Jörg; Eurich, Johannes, Honecker, Martin et al. (Hg.): Evangelisches Soziallexikon. Stuttgart: W. Kolhammer, S. 964–966.

Huber, Wolfgang (Hg.) (2013): Ethik – die Grundfragen unseres Lebens. C.H. Beck'sche Verlagsbuchhandlung. München: C.H. Beck.

Huber, Wolfgang; Meireis, Torsten; Reuter, Hans-Richard (Hg.) (2015): Handbuch der evangelischen Ethik. HEE. C.H. Beck'sche Verlagsbuchhandlung. München: C.H. Beck.

Jacob, Benno (2000): Das Buch Genesis. Nachdr. der Orig.-Ausg. Berlin, Schocken-Verl., 1934. Stuttgart: Calwer Verlag.

Jonas, Hans (2020): Das Prinzip Verantwortung. Versuch einer Ethik für die technologische Zivilisation. Unter Mitarbeit von Robert Habeck. Erste Auflage. Berlin: Suhrkamp.

Kampling, Rainer (2009): Art. Verantwortung. In: Angelika Berlejung und Christian Frevel (Hg.): Handbuch theologischer Grundbegriffe zum Alten und Neuen Testament (HGANT). 2., Aufl. Darmstadt: WBG (Wissenschaftliche Buchgesellschaft), S. 404–405.

Kashiwagi-Wetzel, Kikuko; Meyer, Anne-Rose (Hg.) (2017): Theorien des Essens. Suhrkamp Verlag. Erste Auflage. Berlin: Suhrkamp (Suhrkamp-Taschenbuch Wissenschaft, 2181).

Krügler, Joachim (2009): Art. Gerechtigkeit. In: Angelika Berlejung und Christian Frevel (Hg.): Handbuch theologischer Grundbegriffe zum Alten und Neuen Testament (HGANT). 2. Aufl. Darmstadt: WBG (Wissenschaftliche Buchgesellschaft), S. 211–212.

Liss, Hanna (2019): Tanach. Lehrbuch der jüdischen Bibel. 4., völlig neu überarbeitete Auflage. Heidelberg: Universitätsverlag Winter (Schriften der Hochschule für Jüdische Studien Heidelberg, Band 8).

Meyer, Anne-Rose (2017): Einführung: Essen und Theorien des Essens. In: Kikuko Kashiwagi-Wetzel und Anne-Rose Meyer (Hg.): Theorien des Essens. Erste Auflage. Berlin: Suhrkamp (Suhrkamp-Taschenbuch Wissenschaft, 2181), S. 15–66.

Moxter, Michael (2018): Art. Anthropologie in systematisch-theologischer Perspektive. In: van Oorschot, Jürgen (Hg.): Mensch. Mohr Siebeck.

Rad, Gerhard von (2011): Das erste Buch Mose (Genesis). 12th ed. Göttingen: Vandenhoeck & Ruprecht. Online verfügbar unter http://gbv.eblib.com/patron/FullRecord.aspx?p=849792.

Riede, Peter (2006): Art. Schlange. In: Betz, Otto; Ego, Beate; Grimm, Werner et al. (Hg.): Calwer Bibellexikon Band 2. Stuttgart: Calwer Verlag.

Rothgangel, Martin & Hermisson, Sabine (2019): Art. Schöpfung. In: Rothgangel, Martin, Simojoki, Henrik & Körtner, Ulrich H. J. (Hg.): Theologische Schlüsselbegriffe. Göttingen: Vandenhoeck & Ruprecht.

Rothgangel, Martin; Simojoki, Henrik & Körtner, Ulrich H.J. (Hg.) (2019): Theologische Schlüsselbegriffe. Göttingen: Vandenhoeck & Ruprecht.

Schambeck, Mirjam (2018): Bibeltheologische Didaktik. In: Zimmermann, Mirjam & Ruben Zimmermann (Hg.): Handbuch Bibeldidaktik. 2. Aufl. Tübingen Mohr Siebeck, S. 461–468.

Schroer, Silvia (2010): Die Tiere in der Bibel. Freiburg im Breisgau: Herder.

Schüngel-Straumann, Helen (2014): Eva – Die erste Frau der Bibel: Ursachen allen Übels?. Paderborn: Ferdinand Schöningh.

Schüngel-Straumann, Helen (2015): Feministische Theologie und Gender. Wien: LIT Verlag.

Schweitzer, Friedrich (2022): Art. Verantwortung. In: Henrik Simojoki und Rothgangel, Martin & Körtner, Ulrich H.J. (Hg.): Ethische Kernthemen. Göttingen: Vandenhoeck & Ruprecht, S. 423–434.

Schwendemann, Wilhelm; Hagen, Katrin; Rausch, Jürgen; Ziegler, Andrea (2023): Einführung in die Religionsdidaktik, 2. Erweiterte korr. Auflage. Stuttgart: Calwer Verlag.

Schwendemann, Wilhelm; Verständig, Anna Sophie; Breidt, York (2021): Soziale Gerechtigkeit. Bausteine für den Religionsunterricht an beruflichen Schulen. 1. Auflage 2021. Göttingen: Vandenhoeck & Ruprecht (RU praktisch – Berufliche Schulen).

Simojoki, Henrik; Rothgangel, Martin & Körtner, Ulrich H.J. (Hg.) (2022): Ethische Kernthemen. Göttingen: Vandenhoeck & Ruprecht.

Waskow, Arthur O. (2000): Torah of the Earth: Exploring 4,000 Years of Ecology in Jewish Thought. Band 1: Biblical Israel Rabbinic & Judaism, Woodstock VT: Jewish Lights Publishing, S. 134.

Westermann, Claus (1999): Westermann, Claus: Genesis Teil: Bd. 1, Genesis 1–11 (BK I/1) / Teil 1. Gen 1–3, 4. Aufl., Neukirchen-Vluyn: Neukirchener.

Woppowa, Jan (2022): Art. Nachhaltigkeit/Umwelt/ Ökologische Ethik. In: In: Simojoki, Henrik; Rothgangel, Martin & Körtner, Ulrich H.J. (Hg.), Ethische Kernthemen (S. 345–356, Aufl. 3). Vandenhoek & Ruprecht.

Zimmermann, Mirjam (2019): Art. Bibel – Wort Gottes. In: Rothgangel, Martin und Henrik Simojoki & Körtner, Ulrich H.J. (Hg.): Theologische Schlüsselbegriffe. Göttingen: Vandenhoeck & Ruprecht, (6. Aufl.) S. 38–48.

Wilhelm Schwendemann / York Breidt / Melanie Saunus

Menschenwürde und Migration

Vier Unterrichtseinheiten für die Klassen 9 bis 13 und berufliche Schulen

126 Seiten, farbige und sw Abbildungen
Format: DIN A4, broschiert – ISBN 978-3-7668-4494-1

Das Heft bietet Informationen und praktische Anregungen zur kompetenzorientierten Erarbeitung des Themas „Migration und Menschenwürde" in der Sekundarstufe I und II.

Den vier Unterrichtseinheiten vorangestellt ist eine ausführliche Einführung zum Thema Menschenwürde und Migration. Sie beinhaltet religionspädagogische Ausführungen und Verortung im Bildungsplan. Zudem sind relevante Informationen zum Thema „Migrationsgesellschaft Deutschland" mit statistischen Zahlen vorhanden.
Ausgehend vom Artikel 1 unseres Grundgesetzes und Bildern zu menschenverachtendem Umgang werden die Schülerinnen und Schüler an das Thema herangeführt. Weiterführend erarbeiten sie sich den inhaltlichen Begriff der Menschenwürde (Themenfelder: Recht / Geschichte / Philosophie / Theologie / Menschenrechte), um anschließend aktuelle Fallbeispiele zu bearbeiten.
Eine abschließende Übung zur Fragestellung: „Wie kommen Menschen untereinander aus und wie machen sie das?" rundet die Unterrichtseinheit ab.
Zudem finden sich praktische Übungen zum Umgang mit Migration im Zusammenhang der Menschenwürde (Gestaltgesetze der Wahrnehmung / Gestaltgesetze im Zusammenhang von Migration und Selbstreflexion: Gesetz der Nähe, Gesetz der guten Gestalt, Gesetz der guten Fortsetzung, Gesetz der gemeinsamen Region, Gesetz der Gleichzeitigkeit, Gesetz der Verbundenheit, Gesetz der Ähnlichkeit/Zusammengehörigkeit, Gesetz der Geschlossenheit, Gesetz des gemeinsamen Schicksals).

Wilhelm Schwendemann / Silke Trillhaas / York Breidt / André Paul Stöbener / Sadik Hassan

Was geht mich Menschenwürde an? – Ethik für das Leben unterrichten

Materialien und Unterrichtsentwürfe ab Klasse 10

141 Seiten, sw Abbildungen
Format: DIN A4, broschiert – ISBN 978-3-7668-4594-8

Der Band bietet grundlegende Informationen und ausgearbeitete Unterrichtseinheiten. Er erschließt eine komplexe bioethische und biomedizinische Themenpalette für den Unterricht ab Klasse 10.

Die Themen des Bandes sind:

- Einführung in die Didaktik medizinethischer Themen
- Menschenrechtliche Grundlegung der Ethik für das Leben
- Würde im Beginn des Lebens
- Inklusion und Behinderung

Die Schülerinnen und Schüler werden in den ausgearbeiteten Unterrichtsentwürfen an die jeweiligen Themen herangeführt. Mithilfe schülernah ausgesuchter Materialien erkennen sie anhand eigener Erfahrungen, Beobachtungen und Reflexionen, dass Menschen ein wechselseitiges Anrecht auf würdevollen Umgang pflegen sollen – und sie erkennen, dass sie unmittelbar darin verflochten sind.
Für die optimale Vorbereitung auf den Unterricht, sind jedem Kapitel grundsätzliche und aktuelle Hintergrundinformationen vorangestellt.
Zu jedem Themenkomplex gibt es passende Gemälde vom Künstler Jürgen Marose, die als Opener der Unterrichtsstunden dienen können. Über einen Code im Heft haben Sie darauf Zugriff und können diese downloaden.

Nähere Informationen unter www.calwer.com